中国軍・ロシア軍との比較で見えてくる

自衛隊の実力

自衛隊の謎検証委員会 編

彩

はじめに

東西冷戦が幕を下ろすと、主要国は民主化を進めた。その間、世界各国は経済的な結びつきを強化し、国際関係は相互依存が当たり前になった。国家間の大規模戦争はもはやなくなる。そんな意見も珍しくはなかった。

だが、2022年2月24日、事態が大きく変わる。ロシア軍がウクライナに侵攻したのである。ロシア軍は国境を越えて、ジェノサイドともいえる攻撃を軍民問わずに加えている。日本や欧米諸国が批判してもロシアは受け入れず、プーチン大統領は核兵器の使用も辞さないと、強気の姿勢を崩さない。世界の常識は瓦解することとなる。

ウクライナ侵攻によって、日本の安全保障環境にも、改めて注目が集まった。

まず、ロシアは北方領土の基地化を進め、択捉島にミサイルを配備している。今後、日本に侵攻する可能性はないのか。日本が第2のウクライナになることはないのか。そんな危機感が広がっている。また、ミサイルによる恫喝をやめない北朝鮮や、尖閣諸島周辺で領海・領空侵犯を繰り返す中国に対する備えについても、議論が盛んになった。

こうした顕在化する脅威に対処し、日本防衛の要となるのが、自衛隊である。緊迫化する東アジア情勢に対応すべく、自衛隊は実力を培ってきた。最新鋭の装備品を保有するだけでなく、同盟国であるアメリカなどと訓練を重ねてきたことで、その防衛力は世界屈指である。

本書ではそんな自衛隊の実力を、中露軍との比較を通して検証していく。

第一章では、自衛隊の基本的な機能や戦い方に、中露軍との比較から迫っていく。続く第二章は、日本の安全保障戦略や日本をとりまく周辺国の思惑、自衛隊が出動する可能性のある事態などについて、説明する。そして最後の第三章では、日米安全保障条約や憲法上の規定など、自衛隊が直面している課題について記した。

世界の安全保障環境が厳しくなるなか、日本は以前にも増して、同盟国アメリカや友好国との連携を強化している。連携の範囲は政治、経済、軍事に至るまで幅広い。そうした多国間協調を軸に、自衛隊は周辺国や国際社会の脅威に対して、いかにして向き合っているのか？　本書全体を通じて、この問いについて考えてみよう。

中国軍・ロシア軍との比較で見えてくる

自衛隊の実力【目次】

はじめに 2

第一章 比べてわかる自衛隊の真の実力

01・そもそも自衛隊とはどのような組織なのか？ 10
02・中露軍に対して陸上自衛隊はいかに戦う？ 14
03・中露軍に対して海上自衛隊はいかに戦う？ 18
04・中露軍に対して航空自衛隊はいかに戦う？ 22
05・陸上自衛隊の主力装備　戦車や機動戦闘車の実力とは？ 26
06・海上自衛隊の主力装備　新型護衛艦の実力とは？ 30
07・航空自衛隊の主力装備　戦闘機と無人機の実力とは？ 34
08・中国軍はどのような兵器を所持しているのか？ 38
09・ロシア軍はどのような兵器を使うのか？ 44
10・自衛隊員が中露兵より優秀とされる理由とは？ 50

11・自衛隊はどのようにサイバー戦に備えているのか？ 54
12・国防の最前線に置かれている自衛隊の部隊とは？ 58
13・自衛隊には特殊部隊が存在する？ 62
14・化学兵器などのテロ行為にいかに備えているのか？ 66
15・災害派遣のときに自衛隊はどのような活動を担う？ 70
16・自衛隊は平時にどのような任務に就いている？ 74
17・自衛隊が抱える教育施設の実態とは？ 78

第二章 日本をとりまく安全保障環境の実態

18・日本の国防の方針を定めた国家安全保障戦略の柱とは？ 84
19・自衛隊の基本戦略「防衛大綱」の内容とは？ 88
20・中露の地政学的条件が自衛隊に与える影響とは？ 92
21・日本の安全保障上の脅威　朝鮮半島分裂のきっかけは？ 96

22・新時代を見据えた中国軍の軍事戦略とは？ 100
23・中国の南シナ海進出が日本の安全保障を脅かす？ 104
24・中国による対米防衛戦略A2／ADに対抗できる？ 108
25・米韓同盟が破棄される可能性がある？ 112
26・AUKUS（米英豪同盟）は対中包囲網の中核となるか？ 116
27・日米豪印によるQUADは中国牽制の役に立つ？ 120
28・中国の巨大な経済圏 一帯一路の軍事的側面とは？ 124
29・中国中心の安全保障協力構想 上海協力機構とは？ 128
30・ロシアのハイブリッド戦争に対応することはできるのか？ 132
31・ロシアが北方領土を返還しない軍事的な理由とは？ 136
32・北朝鮮が核ミサイルを開発できるのはなぜ？ 140
33・中国軍が日本に侵攻する可能性はある？ 144
34・ロシア軍が日本に侵攻する可能性はある？ 148

35・台湾有事で自衛隊はどのように動く？ 152
36・尖閣有事で自衛隊はどう動く？ ①突発的な衝突 156
37・尖閣有事で自衛隊はどう動く？ ②尖閣諸島奪還作戦 160

第三章 日本と自衛隊が直面する大きな課題

38・自衛隊は他国軍に比べて出動の手続きが大変？ 166
39・グレーゾーン事態への即時対応は難しい？ 170
40・アメリカ軍が日本を守るとは限らない？ 174
41・安全保障関連法の成立で自衛隊の活動はどう変わった？ 178
42・海自と他国軍の合同訓練は集団的自衛権の行使にあたる？ 182
43・自衛隊は攻撃を受けない限り武器を使用できない？ 186
44・日本は敵基地攻撃能力を持つことができる？ 190
45・日本がアメリカと核を共有する可能性はある？ 194

46・アメリカの核兵器が旧式化して抑止力が低下する？ 198
47・日本には多数のスパイが潜入している？ 202
48・輸出品の軍事転用を防ぐ安全保障貿易管理とは？ 206
49・自衛隊は海外活動中に他国軍が攻撃されても何もできない？ 210
50・自衛隊も中露軍も少子化に悩まされている？ 214
51・在日米軍基地はどのような問題を抱えているのか？ 218
参考文献・参考ウェブサイト 222

【注記】
・特に注意がない限り、人物の肩書は当時のものです。
・2022年6月時点のデータに基づき記述しています。

【第一章】

比べてわかる自衛隊の真の実力

そもそも自衛隊とはどのような組織なのか？

Japan Self-Defense Force's Ability 01

◎自衛隊の基本

1954年7月1日、防衛庁設置法と自衛隊法が施行され、**自衛隊**が誕生した。それからおよそ70年が経った現在、自衛隊は国防や海外派遣、あるいは国内の災害派遣などで活躍している。そんな自衛隊の基本を、本項では見ていきたい。

自衛隊は**「陸上自衛隊」「海上自衛隊」「航空自衛隊」**の3隊からなる。

陸上自衛隊（陸自）は、主に日本領土の防衛を担う。緊急時における大規模移動が念頭にあるため、部隊を置いている場所を、「基地」ではなく「駐屯地《ちゅうとんち》」と呼んでいる。駐屯とは、「（軍隊が）一時留まる」という意味だ。

陸を守る陸自に対し、日本の領海を防衛するのが海上自衛隊（海自）である。洋上から進撃してくる敵艦隊の撃滅と、沿岸警備が主要な任務だ。不審船などの侵入に対して目を光らせるのが、沿岸警備の役割である。

最後の航空自衛隊（空自）は、日本の防空を担当している。部隊を統括するのは、横田基地（東京都）にある「航空総隊司令部」だ。空自基地は分屯《ぶんとん》基地を含めて全国に73カ所存在する。新田原《にゅうたばる》基地（宮崎県）や三沢《みさわ》基地（青森県）など7カ所には戦闘機部隊が配備され、全国28カ所のレーダーサイトと連動しながら、日本の空を守っている。

◎専守防衛に基づく部隊編成

自衛隊は国際法上、「軍隊」として扱われている。外国からすれば自衛隊は、日本の「国軍」だということだ。だが実態として、自衛隊は他国の軍隊とは大きく異なる部分がある。自国に危機が及んだ場合にのみ武力を行使する**専守防衛**という戦略を採っている点である。この戦略は、装備や隊員数にも、色濃く反映されている。

例えば、他国を攻撃するための巡航ミサイル、敵基地を破壊するための戦略爆撃機などの兵器を、自衛隊は所持していない（2022年6月現在）。攻撃用兵器は専守防衛の

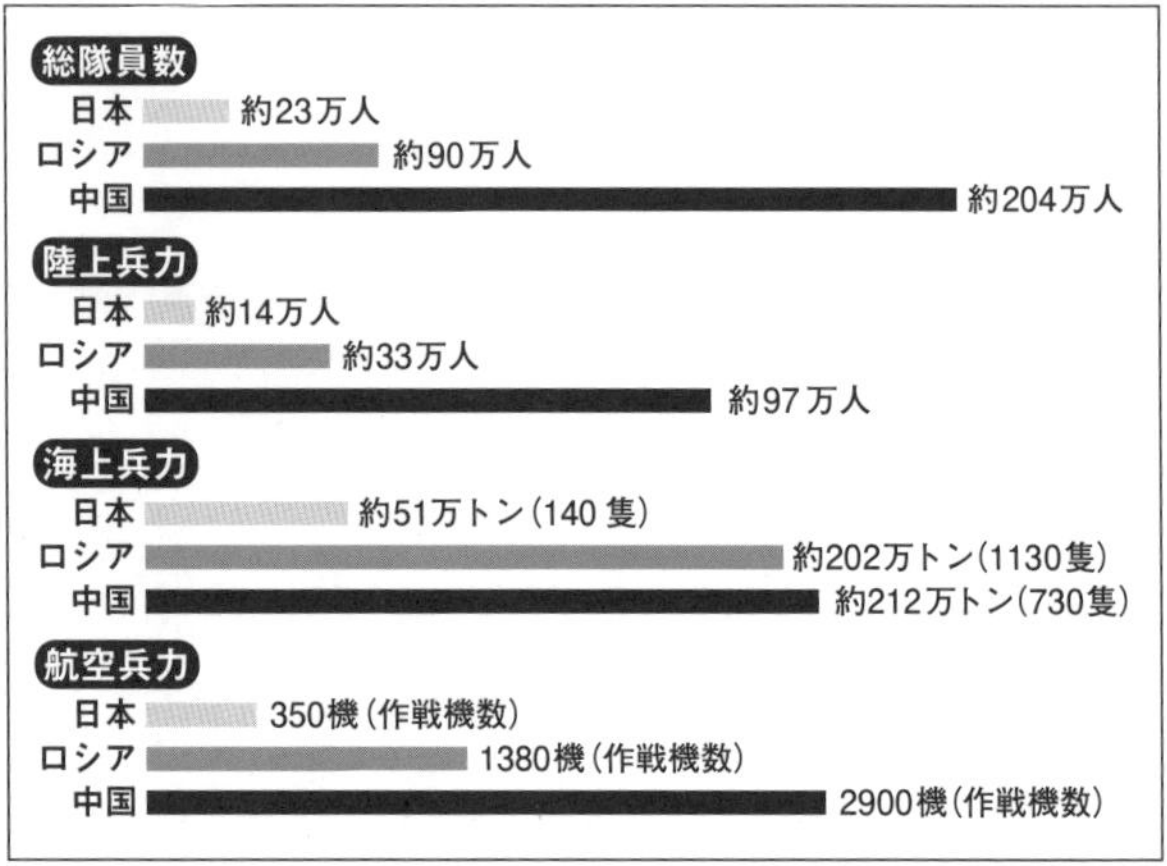

自衛隊・ロシア軍・中国軍の陸海空兵力の比較。作戦機とは、実質的に任務を実行する主要な軍用航空機のこと（出典：「令和３年版防衛白書」など）

理念に反するという理由から、可能な限り除外されている（ただし近年、政府は攻撃用兵器の保有を議論している）。

自衛官の人数は必要最低限で、陸上自衛隊・海上自衛隊・航空自衛隊の３隊を合計して、約23万人だ（２０２１年３月31日時点）。この数は、近隣国軍隊の兵員数と比べると、非常に少ない。

例えば中国軍（中国人民解放軍）は、総勢約２０４万人という莫大な隊員を擁している。ロシア軍の兵力も約90万人と、自衛隊を上回っている。兵役の期間が10年と非常に長い北朝鮮軍（朝鮮人民軍）の総隊員数は、約１２８万人に及ぶ。

◎大幅増額に転じる可能性のある防衛費

日本の防衛費は、ここ数年5兆円程度で推移している。この額は国際的に見て、かなり上位だ。ストックホルム国際平和研究所によれば、2021年は**世界第9位**である。2000年の防衛費は約4兆5000億円だったので、増額傾向にあることがわかる。

一方で日本の周辺国も、軍事力を強化すべく大規模な国防予算を計上している。中国の場合、国防予算は2022年度で1兆4504億5000万元（約26兆3400億円）だ。ロシアの2022年度国防予算は3兆5100億ルーブル（約5兆2650億円）と、中国ほどではないものの、その規模はGDPの2・6%をも占める。中国は金額こそ大きいものの、国防費の推移はGDP比で1・8%ほどである。

日本においては、防衛費は毎年、GDP比1%ほどで推移してきた。政府が防衛費をGDP比1%以下に抑える方針を掲げていたからだ。ただ、緊迫化する安全保障環境を念頭に、政府は防衛費の増額を目指している。2021年には岸信夫防衛大臣が1%枠にこだわらない方針を明示。**政府・自民党からはGDP比2%まで防衛費を引き上げる案が示されている**。すでに政府は、防衛予算策定の基準となる防衛戦略の見直しを指示している。自衛隊の装備や運用も、これまでとは大きく変わるかもしれない。

Japan Self-Defense Force's Ability 02

中露軍に対して陸上自衛隊はいかに戦う?

◎即応性重視の組織改編

陸上自衛隊(陸自)の人員は、自衛隊中最多である。隊員数は約14万人(2021年3月31日段階)。陸自の予備自衛官約3万7000人(2018年段階)を含むとさらに増える。だが、中国陸軍約97万人、ロシア陸軍約33万人と比べると、決して多いとは言えない(極東ロシア軍は約9万人なので、状況次第では陸自の戦力が多くなるかもしれない)。

もちろん、現代戦は兵士の数だけが勝敗を決めるわけではない。専守防衛を掲げる日本において重視される陸自の戦略は、**即応性と一体性**である。

平成初期まで、陸自は全国を5区域に分け、それぞれに方面隊を配備していた。しか

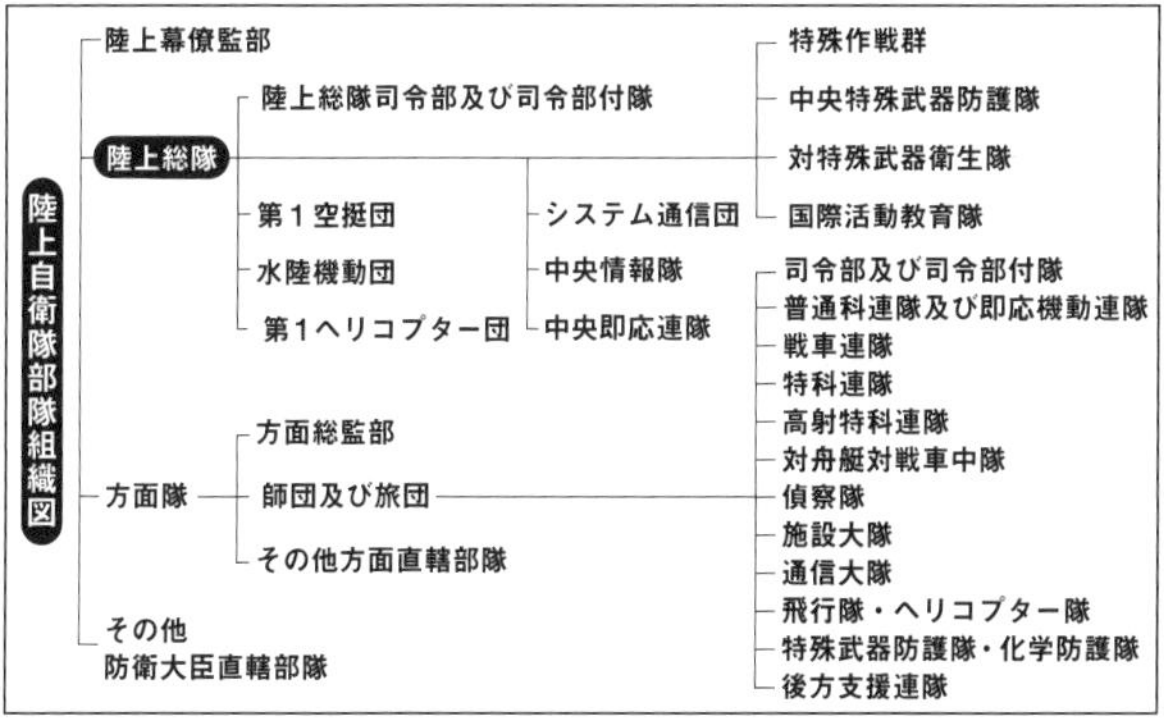

しこの体制では、防衛大臣・総合幕僚長の命令を個別伝達しなければならず、区域をまたいだ行動がとりにくかった。この問題を解消するため２０１８年に設置されたのが**陸上総隊**である。陸上総隊は状況に応じて方面隊を指揮下に置ける。これにより、素早い命令伝達と作戦行動が容易となった。

また、全国15の師団・旅団のうち5カ所に「即応機動連隊」が配備された。２０２３年までにもう2カ所追加される予定だ。この部隊は装甲車両と火砲を合わせた機動力重視の連隊で、有事での即応性が期待されている。その他、師団・旅団全体の即応機動師団・旅団化も急がれている。

◎機動力重視の部隊と装備

陸自が機動力を重視するようになったのはなぜ

か？　それは、冷戦終結によって北方の脅威が軽減された一方で、南西方面で中国が台頭してきたからだ。これにより、**陸上自衛隊は尖閣諸島や沖縄周辺の島嶼《とうしょ》防衛を想定した運用が目指されることになった。**

2018年には、西部方面普通科連隊で**水陸機動団**が編成された。隊員数は2400人。海兵隊と合同訓練を行い、有事に備えている。南西諸島に迅速に駆けつけるべく、水陸両用車やオスプレイが配備される。ただ、中国海軍で上陸作戦を担う陸戦隊の兵力は、約2万5000人である。陸戦隊は南シナ海で上陸作戦を想定したとみられる演習を行い、周辺国を牽制している。この部隊への対策も陸自の課題だ。

即応性の重視という方針は、兵器の運用にも影響を与えている。例えば、戦車の保有台数は大きく減ることが決定している。2014年度には690輌《りょう》の戦車を保有していたが、2020年3月時点では570輌だ。今後は74式戦車が退役し、機動重視の再編成がさらに徹底されるため、300輌ほどに削減され、本土から戦車部隊が消える予定だ。ちなみに中国陸軍の戦車保有数は5800輌。ロシア軍は1万3000輌ほどだが、実戦投入可能な車数は2000輌ほどともいわれる。

今後は戦車に代わって、双輪式の**16式機動戦闘車**が本州に配備される。戦車は九州と北海道に回される予定だ。16式戦闘車は装甲が薄いものの、105㎜ライフル主砲は90

式戦車と同等の威力を持つ。また、輸送機での運搬が戦車に比べて容易である。こうした特徴を生かして、島嶼防衛に投入されることになっている。

島嶼における戦闘では、**ミサイル攻撃を受ける可能性もある**。そこで陸自には、迎撃用に対艦用の12式地対艦誘導弾や、対空用の03式中距離地対空誘導弾、11式短距離地対空誘導弾（車載型を空自も使用）が配備された。なお、弾道ミサイル対策として陸上イージスシステム（イージス・アショア）の配備も計画されていたが、配備場所や予算をめぐって反対意見が相次ぎ、2020年に中止されている。弾道ミサイルの迎撃は、空自・海自の対ミサイル部隊と一元化して実施する予定だ。

さらに2021年3月には、ヘリコプター部隊も再編された。AH-64D戦闘ヘリに一本化した、**第1戦闘ヘリコプター隊**が目達原《めたばる》駐屯地に誕生している。島嶼防衛の火力支援が任務だ。また、ネットワーク電子戦システム（NEWS《ニュース》）による電磁波対策を担当する**電子作戦隊**を陸上総隊の直轄で置くなど、ハイテク戦争への対応も進んでいる。

なお、ウクライナ侵攻後、ロシアによる日本侵攻の可能性が取り沙汰されるようになったが、その可能性は極めて低いと考えられる。日本の同盟国のアメリカも敵に回すことになるため、戦車部隊を北海道に上陸させることはないだろう。ただ、ロシアの行動には予測不能な面があるため、油断は禁物である。

中露軍に対して海上自衛隊はいかに戦う？

Japan Self-Defense Force's Ability 03

◎シーレーンを守るための能力

島国である日本にとって、領海防衛を担う**海上自衛隊（海自）**の重要性は非常に高い。**海自の主任務は、海上輸送路（シーレーン）の維持**である。東シナ海や南シナ海、インド洋など、日本の国益に関わる輸送交通の安全を確保するべく、海自は活動している。近年は、不審船などのテロ対策や海賊対策、島嶼《とうしょ》防衛における海域確保と弾道ミサイル対策も任務の範囲だ。これらの任務遂行のために海自が備える能力を、本項で紹介しよう。

海自の艦艇数は約１４０隻である。護衛艦47隻、潜水艦22隻、哨戒《しょうかい》艇や機雷艦艇などの補助艦艇69隻からなる。**中核は、２隻の「いずも」型ヘリ搭載護衛艦**である。搭載し

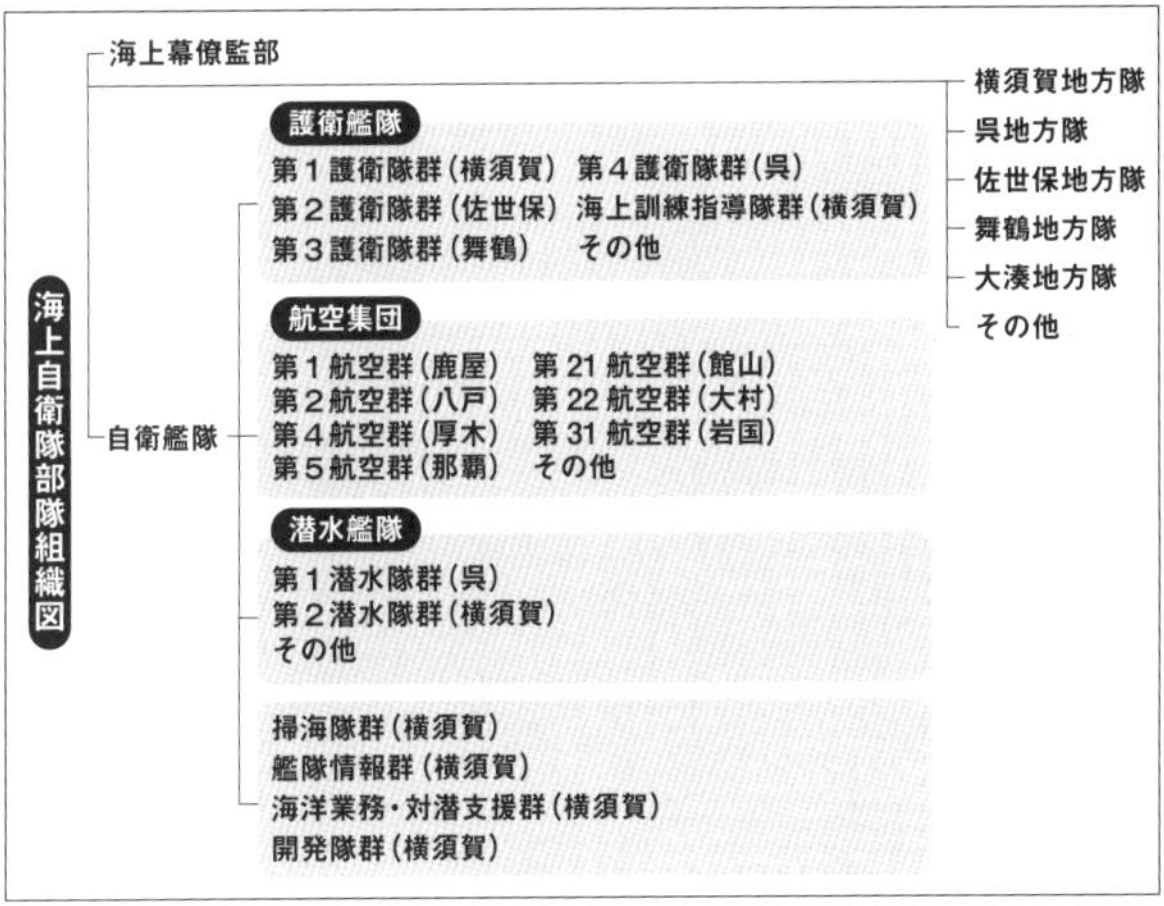

た哨戒機とともに、東シナ海や南シナ海で中国の潜水艦部隊を牽制《けんせい》するのが主な役割だ。

　このいずも型は近年、**航空機の搭載能力を付与**するべく改修が進められている。これにより、自衛隊に導入予定のF-35Bの海上運用が可能となる。戦闘機の搭載数は10機程度と中露の空母より少ないものの、F-35Bは中国の艦載機J-15の性能を上回るため、抑止力として期待できる。また、防衛省はかつて、いずも型にアメリカ軍機を艦載する計画も立てていたため、**中国を牽制するために、いずも型がアメリカ軍機の緊急拠点として運用される事態も考えられる。**

　もちろん、有事を想定した作戦や訓練

だけでなく、平時における**航空集団**の活動も、重要性は一層高まっている。航空集団は、輸送や海域の哨戒活動が任務だ。所属機体は、固定翼79機とヘリコプター93機の計172機。うち29機は国産のP‐1哨戒機である。哨戒機は艦船の10倍近い速度を出せるため、広い海域を監視するには欠かせない。

世界一の技術を持つと評される潜水艦隊も、海の安全を守るうえで重要だ。2010年度防衛大綱（22大綱）に基づき、22隻体制で編成されている。2022年3月には新型潜水艦の「たいげい」が就役した。新型リチウムイオン電池とソナーの搭載で、性能は「そうりゅう」型より向上。将来的には5隻が投入される予定だ。

◎中露軍と比較してわかる海自の実力

対する中露の海軍は、どのような戦力を有するのか？

東アジアの極東ロシア海軍相手なら、海自は対応可能である。極東ロシア軍の海軍兵力は、主要水上艦艇20隻、潜水艦20隻を含めた約250隻。旧ソ連時代の艦艇が多く、艦隊の総合的な性能は海自が上回っている。

ただし、ロシア海軍が中国海軍と協力した場合、海自単独で対処するのは難しい。中国海軍の保有艦数は約740隻。そのうち潜水艦含めた主要艦数は約135隻である。海自と在日米軍だけでは数的劣勢は覆せず、アメリカ本国からの援軍が必須だ。

質の面でも、中国軍は侮れない。低性能な艦艇ばかりだったのは過去の話で、新型のミサイル艦が多数配備されている。2019年には、2隻目の空母「山東《さんとう》」が就役。1隻目はウクライナから購入した空母を改修したものだが、2隻目は国産の空母である。より実戦向きの3隻目「福建」も進水し、2024年には就役の予定だ。潜水艦分野も、静粛性を向上した元型や、ミサイル原子力潜水艦の晋型などの新型は、**海自艦艇の質に近づきつつある**。

こうした脅威に対抗すべく、海自は防衛力を強化している。先に挙げたいずも型の空母化はその一例である。また、弾道ミサイル防衛能力の向上を図るために、イージス艦は6隻体制から8隻体制へと増強された。陸自のイージス・アショア配備の中止により、もう2隻のイージス艦配備も決まっている。

対潜・対機雷・電子戦闘などの多用途任務への対処も、急ピッチで進んでいる。小型護衛艦（FFM）もがみ型の配備を進めており、2022年3月22日には2番艦「くまの」が就役した。3番艦と4番艦の就役も2023年までに予定されている。配備されれば、海の防衛力はさらに増強されるはずだ。

中露軍に対して航空自衛隊はいかに戦う？

Japan Self-Defense Force's Ability 04

◎空自を支えるＡＷＡＣＳ

航空自衛隊（**空自**）は、日本領空の監視および防空活動を担っている。実働部隊は、北部、中部、西部、南西部の４個航空方面隊に分かれる。各方面隊は、航空団（戦闘機で編成）と高射群（対空兵器）各1～2個、航空警戒管制団が1個、その他の支援隊で構成される。これら方面隊を一元管理する組織が**航空総隊**である。

空自の主要航空機数は４３２機（２０２１年３月31日）。戦闘機はＦ‐15Ｊ／ＤＪが２０１機、Ｆ‐４ＥＪ／ＥＪ改が5機、Ｆ‐２Ａ／Ｂが91機、最新のＦ‐35Ａステルス戦闘機が21機だ。中国空軍２７００機、ロシア空軍１３００機に比べると、数的劣勢は否めない。戦闘機の質は空自機が勝るものの、圧倒的な優位にはない。

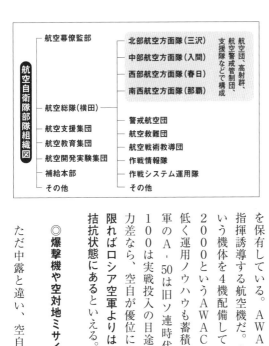

だが空自は、「空飛ぶレーダーサイト」と呼ばれる、**早期警戒管制機（AWACS《エーワックス》）**を保有している。AWACSは、上空で戦闘機を指揮誘導する航空機だ。空自は「E‐767」という機体を4機配備している。中国空軍もKJ‐2000というAWACSを保有するが、性能は低く運用ノウハウも蓄積されていない。ロシア空軍のA‐50は旧ソ連時代の旧式で、新型のA‐100は実戦投入の目途が立っていない。この実力差なら、空自が優位に立つだろう。**対空戦闘に限ればロシア空軍よりは上、中国空軍はやや上か拮抗状態にある**といえる。

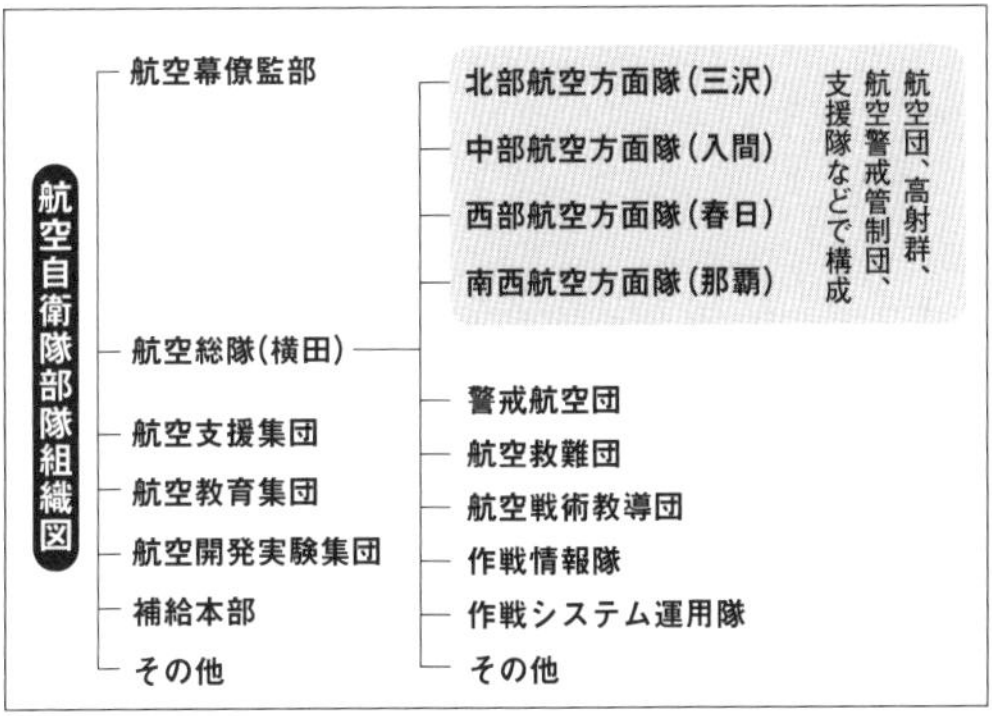

◎爆撃機や空対地ミサイルは保持せず

ただ中露と違い、空自は専守防衛の観点から、爆撃機や空対地ミサイルを持っていない。２０１７年12月に対艦用巡航ミサイルの導入が発表されたものの、国民の不信感や予算の問題で、計画は順調には進んでいない。現状では、先制攻撃をするのではなく、攻撃を受けたときに日本を守れるように、空白は備えている。

例えば、日本に打ち込まれたミサイルは、**高射群**によって迎撃される。現在配備されている高射群は６個。１個の群につき、４個の高射隊で構成されている。将来的にはこれらを再統合して４個高射群体制になる予定だ。各隊には弾道ミサイルを迎撃できる「ＰＡＣ-３」も配備されており、これがイージス艦が撃ち漏らしたミサイルの撃墜を担う。

だが、他国が本気で日本を攻撃してきた場合、**この防衛体制で完全に防ぐことは難しい**という意見もある。中国が保有する弾道ミサイルは、約２０００発。実戦では、かなりの数が同時発射されるだろう。中国はすでに、迎撃の難しい極超音速《ごくちょうおんそく》の弾道ミサイルを配備しているという見方もある。極超音速ミサイルは、アメリカでさえ迎撃方法が確立していない。日本に敵基地攻撃能力を求める声が挙がるのも、こうした厳しい防衛環境を踏まえてのことである。

◎新時代戦争への備え

これら従来の防衛に加え、新時代戦争への対応も進んでいる。

まずは無人機について。2021年3月18日付で編成された**臨時偵察航空隊**において、アメリカ製の無人機RQ‐Bの運用が決まった。4月15日には、日本に導入予定の機体がカリフォルニア州で初飛行に成功。翌年に1号機が三沢基地に到着した。遠隔地の情報収集や緊迫時の監視などを担う予定である。

さらに、宇宙の軍事利用に備えて、2020年5月18日に**宇宙作戦隊**が新編された。任務は宇宙ゴミと他国の人工衛星の監視で、2026年度には専用の監視衛星を打ち上げる予定だ。

ただ、これらの分野は、すでに中露軍が先行している。両国は独自の無人攻撃機の開発を進めており、宇宙利用においても、ロシアは2001年よりロシア宇宙軍（2015年に航空宇宙軍に再編）を設置。中国軍も2015年に設立した戦略支援部隊が宇宙任務を担っている。予算も人員も、空自を大きく上回っている。両国との差を埋めるには、空自のみならず関係省庁との協力が不可欠である。

陸上自衛隊の主力装備 戦車や機動戦闘車の実力とは？

Japan Self-Defense Force's Ability

05

◎高度なハイテク装備がなされた「10式戦車」

冷戦下において、自衛隊はソ連による北海道侵攻を想定して、戦車の性能を向上させた。長年主力戦車として配備されたのは、「74式戦車」と「90式戦車」である。だが、74式は初配備から50年近くが経って旧式化し、90式は重量が約50トンもあることから道路を破損するおそれがあり、運用面で課題があった。これらの欠点を克服するべく開発されたのが、２０１０年に制式化された**「10式戦車」**だ。

10式はこれまでの戦車とは違い、主要部品のほとんどが国産品で占められている。その性能は、あらゆる面で90式と74式を上回る。さらに、データリンクシステム「Ｃ４

陸上自衛隊の最新戦車「10 式戦車」。名称は装備化された 2010 年にちなむ。読み方は「ひろまるしき」。乗員 3 人（出典：陸上自衛隊 HP）

74 式戦車に続いて開発された「90 式戦車」。1990 年制式採用、乗員 3 人。ソ連の脅威に対抗すべく、北海道に集中配備された（出典：陸上自衛隊 HP）

機動力と柔軟性に優れた「16式機動戦闘車」。読み方は「ひとろくしき」。削減される戦車に代わり本州・四国へ配備されている（出典：陸上自衛隊HP）

I」により味方との情報共有が円滑化し、戦闘力は高度に発達している。**1対1の戦いではどの国の戦車にも負けない**ともいわれた、陸自の主力戦車である。

◎機動力の高い「16式機動戦闘車」

このように、戦車戦力は陸自の主要装備の一つだが、陸自の戦略が変化した近年においては、新装備も全国に配備されている。ソ連崩壊後の現在は、大規模な戦闘よりも国内におけるテロや島嶼《とうしょ》防衛への対応が求められるようになった。そこで必要になったのが、すぐに現場へ駆けつけることのできる**機動力と市街地戦での打撃力**だ。これを受けて開発されたのが**「16式機動戦闘車」**である。

戦闘車とは、兵員輸送車に機銃座《きじゅうざ》（銃を据え置く台）などを備えて戦闘可能にしたものだ。見た目は戦車に似ているが、戦車とは違い、キャタピラ（装軌式《そうきしき》）ではなくタイヤを装着している（装輪式《そうりんしき》）。

16式の主砲は74式と同等の105㎜ライフル砲だが、対戦車戦も想定しているため、91式105㎜多目的対戦車りゅう弾も使用できる。加えて時速100キロ以上の走行が可能で、総重量は約26トンと軽量なため、一般道路を走ることも、輸送機で空輸することもできる。

戦車や戦闘車以外に注目すべきは、**自走砲**と呼ばれる車両である。その名のとおり「自分で走れる大砲」のことだ。最新式は**「19式装輪自走155㎜りゅう弾砲」**という。2018年まで開発が続けられ、2019年の富士総合火力演習で、初めて試作車両が一般公開された。2022年の富士総合火力演習においては、初の実弾射撃が公開されている。この装備も、即応性を重視したことで配備されたものである。

2019年の富士総合火力演習で試作機が初めて一般公開された「19式装輪自走155㎜りゅう弾砲」（出典：陸上自衛隊HP）

海上自衛隊の主力装備 新型護衛艦の実力とは?

Japan Self-Defense Force's Ability
06

◎戦闘機の搭載・離着陸も可能な「いずも」型

海上自衛隊の主要任務の一つに、領海や排他的経済水域の監視がある。巡視船など目視可能な艦船だけでなく、潜水艦の侵入にも警戒を巡らしている。その任務を担うのが、**哨戒ヘリとヘリコプター搭載護衛艦**（**DDH**）だ。2022年6月現在、DDHの最新型は**「いずも」型**だ。2015年に就役した「いずも」と、2017年就役の「かが」が配備されている。

いずも型の全長は約248メートル、基準排水量1万9500トンと、自衛隊史上最大規模だ。また、艦首から艦尾まで平坦な、**全通甲板**を備えている。海上で航空機を柔

いずも型護衛艦の 1 番艦「いずも」。ヘリコプターの発着陸が可能（出典：海上自衛隊 HP）

2021 年に海自と在日米軍共同で実施された、いずもにおける「F-35B」の発着陸実験の様子。岩国基地の在日米軍に所属する戦闘機が用いられた（出典：海上自衛隊 HP）

「たいげい」型潜水艦の１番艦「たいげい」。横須賀基地の第４潜水隊に配備された（出典：海上自衛隊HP）

軟に運用するうえで、このような長大な飛行甲板は必要不可欠だ。これにより、いずも型は固定翼機も発着陸ができる、事実上の空母として運用できる。

固定翼機＝戦闘機を大量に運搬できる空母は、洋上の航空基地である。そのため、専守防衛の理念を掲げ、周辺海域の防衛を任務とする自衛隊には、保有が認められないとされてきた。しかし、東シナ海で活動を活発化させる中国軍への備えから、政府は2000年以降、空母機能を重視するようになる。沖縄周辺で自衛隊機が使える滑走路は、那覇基地の1本しかないからだ。

近年は台湾有事などへの備えから、**いずも型の改修**が進められている。2020年には戦闘機「F-35B」の発着を可能にする改修が、いずもに施された。これを受け、2021年10月には米海兵隊によって、F-35Bの発着艦試験が実施されている。かがも2021年度末に大規模な定期検査に入ったのを機に、改修が行われる予定だ。これ

「もがみ」型護衛艦の１番艦「もがみ」。横須賀基地に配備された（出典：海上自衛隊 HP）

により、中国が台湾周辺の先島《さきしま》諸島を占領しようとした場合も、迅速な派兵が可能になる。

◎新型の潜水艦と多機能型護衛艦も登場

海自は、潜水艦の能力も向上させている。

2022年3月には、**「たいげい」**が就役した。これまでの鉛蓄電池ではなくリチウムイオン蓄電池を搭載したことにより、活動時間の長期化や充電時間の短縮などに成功している。

また、対潜戦、対空戦、対水上戦など、多様な任務に対応できる新型艦も、2022年4月に就役した。多機能型護衛艦の**「もがみ」**である。対艦ミサイルなどに探知されにくいステルス性の形状を備えている。艦内のデジタル化とオート化を進めれば、従来の護衛艦の約半数の人員で運用が可能だ。緊張が高まる東シナ海の情報収集・警戒監視任務において、活躍が期待されている。

Japan Self-Defense Force's Ability
07

航空自衛隊の主力装備 戦闘機と無人機の実力とは？

◎第5世代の主力戦闘機「F35」

現在、航空自衛隊の主力戦闘機は「F‐15Jイーグル」だ。ただ、日本での配備開始は1980年頃と、40年以上も前の機体である。F‐15Jの前の主力戦闘機「F‐4EJファントム」は2021年に全機の運用が終了した。そこでこれらに代わる次期戦闘機として選定されたのが、**「F‐35AライトニングⅡ」**である。

F‐35は、アメリカ空軍の「F‐22ラプター」と同じく高いステルス性と空戦力を持った戦闘機であり、**「第5世代」**と呼ばれている。多目的の任務を単一機種で可能にすることを目指した、「JSF（統合打撃戦闘機）プロジェクト」に基づいて開発が進

航空自衛隊が採用する最新鋭の主力戦闘機「F-35A」。三沢基地に配備されている。A型以外のB型も含めて、日本は将来的に147機を調達予定（出典：航空自衛隊HP）

航空自衛隊の主力戦闘機「F-15J イーグル」。「イーグル」はアメリカ軍や空自における別名。日本全国に約200機配備されている（出典：航空自衛隊HP）

イギリス海軍の空母に艦載された「F-35B」。2021 年 9 月 2 日に日本近海で行われた 5 カ国共同訓練「パシフィッククラウン 21-3」のときに撮られた。訓練には、イギリス、日本、アメリカ、オランダ、カナダが参加（出典：イギリス海軍 HP）

められた。約１・６トンまで機体内に兵装を収納可能で、対空ミサイルから対艦・対レーダーミサイル、対地誘導爆弾まで、あらゆる武器を装備することができる。中露軍もステルス戦闘機の開発を進めているが、このＦ35に対抗できるレベルには達していない。

　現状では、タイプは三つある。「Ａ型」は空軍向けの標準型で、航空基地での利用が想定されている。「Ｂ型」は短距離離陸・垂直着陸が可能なＳＴＯＶＬ《ストーブル》タイプだ。揚《よう》陸艦《りくかん》や滑走路の短い基地などでも利用できる。さらに、低速時における揚力増加と安定性強化を施した通常離着陸型のＣＶタイプは「Ｃ型」と呼ばれ、空母の艦載に適している。自衛隊で採用されているのはＦ‐35Ａのみだが、いずも型が軽空母化されたこともあり、２０１８年に「Ｆ‐35Ｂ」の導入も閣議了解されている。自衛隊がいずもにF-35Bを搭載して運用する日は、そう遠くない将来的に訪れるだろう。

◎無人機が担う長期監視任務

戦闘機以外で注目すべき新兵器は、無人偵察機の**RQ-4グローバルホーク**だ。人命防御の装備を必要としないため、製造や運用のコストが比較的低額ですむ。有人では難しい、長期間の監視任務に適している。

アメリカ空軍とNATO軍、韓国軍がすでに導入しているが、日本においては、2022年3月12日に最初の機体が三沢基地に到着した。

無人機「RQ-4B」（B型は大型化型）。三沢基地には計3機が配備される予定（出典：航空自衛隊HP）

これからは、RQ-4Bの専門部隊として新編された**臨時偵察航空隊**によって、管理・運用されていく（将来的に「臨時」の文字が外れる予定）。

中国軍はどのような兵器を所持しているのか？

Japan Self-Defense Force's Ability 08

◎ステルス戦闘機と大量の無人機

中国軍は兵士の数こそ多いが、兵器は旧式・低性能ばかりだから恐れるに足りない。そんなイメージは、いまなお根強い。だが、実状を鑑みれば、**兵器の質が低いという評価は、過去の話になりつつある。**中国は軍事費を年々増加させている。２０２２年の軍事費は約26兆３０００億円で、前年比約7・1％の増額だ。軍事研究費などを合わせると、さらに増えるという。そうした莫大な予算を使い、中国軍は最新鋭の兵器を生産しているのだ。

例えば空軍機。ステルス性を重視した高性能の戦闘機を、第5世代機と呼ぶ。この第

5世代機の開発を、中国はアメリカ、ロシアに次いで成功させた。その戦闘機が「J-20」だ。レーダーの探知を防ぐステルス性に加え、大型双発エンジンの搭載によって、高度な速度性と航続距離を実現している。瀋陽《しんよう》飛機《ひき》工業集団も小型ステルス機の「J-31」（輸出用はFC-31）を設計しており、これを輸出する計画も立てている。

中国のステルス戦闘機「J-20」。中国では「殲（せん／ジエン）-20」とも呼ぶ。2017年から運用されている

中国企業が開発している小型ステルス機「J-31」（© Danny Yu）

とはいえ、**中国でステルス戦闘機が本格的に運用されるのは、まだ先の話だろう。**J-20は機体が探知されやすいカナード（小型操縦翼面）を採用しており、ステルス性能はアメリカのF-22

中国空軍など主催の国際航空宇宙ショーで一般公開された、新型無人ステルス軍用機「彩虹（ＣＨ）７」の実物大模型（2018年11月８日／写真提供：共同）

より低いと考えられる。エンジンも機動性が決して高いとはいえないシロモノだ。保有数は22機止まりで、試験運用目的の機体ではないかという評価もある。

また、Ｊ-31は制式採用されておらず、どのように運用されるのか不明である。空母艦載型の改良型が開発されているのではという憶測もあるが、真偽は不明だ。

中国の航空戦力で急速に発展しているのは、**無人機**の分野である。20世紀末より中国は無人機開発を進めており、現在は「ＣＨ-７」という新型を開発している。翼長22メートルという大型の機体で、一定のステルス性能を有し、空母からの離発艦能力を持つのが大きな特徴だ。配備後は空母部隊にて、偵察と攻撃任務に使われる予定だという。

また、新型ミサイルの開発にも中国軍は精力的だ。地上発射型の中距離ミサイルを多数抱えており、この面ではすでにアメリカ・ロシアに先行している。

２０１９年の軍事パレードでは、**大陸間弾道ミサイル「DF-41」**と、**中距離弾道ミサイル「DF-17」**という２種類の新型が確認された。ＤＦ-41はトラックのような車両式で、道路を移動できる弾道ミサイルである。最大10発の核搭載機能と、推定約１万５０００キロメートルの長射程が特徴だ。これは、**中国本土からアメリカを直**

中国の最新鋭大陸間弾道ミサイル「DF-41」。中国では「東風 41」と呼ばれる（提供：新華社／共同通信イメージズ）

中国の中距離ミサイル「DF-17」。中国では「東風 17」と呼ばれる。建国70年の軍事パレードで初披露された（提供：新華社／共同通信イメージズ）

接狙える距離である。

ＤＦ－17は、迎撃の難しい極超《ごくちょう》音速《おんそく》滑空弾《かっくうだん》だ。射程は推定２０００キロメートル程度で、飛行速度はマッハ５。自衛隊のＰＡＣ－３でも、迎撃は極めて難しい。試作段階という説もあるが、２０２０年にすでに実戦配備したともいわれる。事実であれば今後、南シナ海での発射実験などを通じて、アメリカ軍を牽制していくだろう。

◎台湾有事で使われる新型戦車

ＤＦ－17を披露したパレードでは、**「15式軽戦車」**という新型戦車も確認された。日本の10式戦車より装甲と火力は劣るとみられるが、軽量化と高馬力エンジンの採用により、時速70キロメートルという高機動力を実現。**従来の戦車では活動が難しい、高地や湿地での運用も容易となった。**上陸艇や輸送機による輸送が可能であることから、離島戦の主力となることが予想されている。すでに海軍陸戦隊への配備も進んでいるとされる。尖閣有事や台湾有事が起きれば、最前線に投入されることだろう。

◎盗んだ技術で新兵器を開発

中国がここまで早いペースで新兵器を投入できるのは、豊富な国防費だけが理由ではない。**他国技術の窃取**も、兵器開発に大きく影響しているとみられる。Ｊ‐20・Ｊ‐31にはアメリカから盗用したステルス技術を使用しているとされ、無人機ＣＨ‐7も、アメリカ軍の試作無人機Ｘ‐47Ｂとの類似が指摘されている。イギリスタイムズ紙が、２０１７年4月5日付の記事で中国ハッカーによる技術流出を警戒したように、中国が技術模倣をしている可能性は非常に高い。

空中給油中のアメリカの無人機「X-47B」。中国が「CH-7」を開発する際に、この機体の技術を模倣したとみられる

模倣は技術を学ぶ近道でもあり、開発期間と費用の大幅削減が可能となる。そうして着実にノウハウを学んでいくのが、中国軍の強みである。いつまでも「低性能」と油断していると、日米は痛い目を見かねない。

Japan
Self-Defense
Force's Ability
09

ロシア軍はどのような兵器を使うのか？

◎陸軍大国の戦車の性能

ソ連崩壊以降のロシア軍は、極度の経済難により兵力を大幅に削減された。だが現在では資源価格高騰の恩恵を受けて、復権が急速に進みつつある。

伝統的な陸軍国であるロシアによって、**主力兵器は戦車**である。陸軍は長年、「T‐72」を主力戦車としていたが、採用年は旧ソ連時代の1973年と古い。改修型の「T‐72B3M」と派生型の「T‐90」が利用されてきたものの、発展に限界がある。そこで開発された完全新型の次期主力戦車が、**「T‐14」**だ。

T‐14は、2017年から量産が始まった。砲塔はT‐72と同口径の55口径125㎜

滑腔砲《かっこうほう》だが、発射速度は毎分12発。T-72が毎分8発（カタログ上の数字で、実際は4発程度といわれる）だから、性能は大きく向上している。また、新型対装甲弾「バキューム1」が採用されたことで破壊力も向上。さらに搭乗スペースが装甲キャビン内に納められている他、外装式のモジュラー装甲により、強力な防御力も実現した。敵レーダーの検出を大きく下げる、ステルス性能まで備えている。内部にはトイレがついたことで、兵士のストレスも軽減された。

ロシアの次期主力戦車「T-14」。無人型の開発も予定されているという（© Vitaly V. Kuzmin）

対する日本の10式戦車は、主砲が44口径120㎜滑腔砲と、火力ではT-14に劣る。生存性も、ロシア側に軍配が上がるだろう。対抗するには他の兵科との連携が必要不可欠だ。

◎ステルス戦闘機Su-57との戦い方

一方で、**ロシア空軍が実用化しているステルス機には、自衛隊も充分に対応できる。**ロシアのス

ロシアの戦闘機「Su-57」。ロシアが初めて実用化した第5世代戦闘機（© Dmitry Zherdin）

テルス戦闘機とは、「Su-57」のことである。

Su-57の初飛行は2010年。2020年より配備が始まり、将来的には76機が生産される予定だ。ステルス機能を備えているものの、開発費用が削減されたため、性能は徹底されなかった。ステルス機としては自衛隊のF-35Aに劣る。空中管制システムも日米には及ばないので、単純な空中戦であれば空自が有利になるだろう。ただし、Su-57は高い運動性を実現している他、「スマートクラウド」という高度な探知機能を備え、将来的にはデータリンクによる無人機との連携も検討されている。運用次第で脅威になるため、侮ることはできない。

◎高性能な潜水艦と建設中の空母

「ボレイ」型原子力潜水艦の２番艦「アレクサンドル・ネフスキー」。2013 年に太平洋艦隊に就役した（©ロシア国防省）

ソ連崩壊に伴う財政難により、ロシア海軍ではいまだに水上艦艇が旧式のままだ。だが、**潜水艦隊**は静粛性に優れているなど、目を見張るものがある。20隻近くが稼働しているとみられる「キロ」型潜水艦は、性能の高さから中国をはじめ、ロシアの友好国も採用している。

そんなロシアの潜水艦技術の精を集めたのが、２０１３年に就役した**「ボレイ」型原子力潜水艦**である。新型の弾道ミサイルであるブラワーを搭載できる新鋭艦で、核攻撃が可能である。太平洋艦隊には今後４隻が配備される予定だ。騒音レベルは非常に低く、日米が同艦を探知することは、ほぼ不可能である。

さらには新型空母の建造にも、ロシアは意欲的だ。２０２１年１月には、ネフスコエ設計局が**空母「バラン」**のコンセプトを発表。排水量

ロシアの電子システム「R-330BMV ボリソグレブスク2B」（出典：ウクライナ軍参謀本部広報室テレグラム・チャンネル）

は約4万5000トンと小型だが、高度な自動化によって少人数運用を実現し、ヘリや無人機を搭載できる多目的空母として、構想されている。建造プランは複数あり、どのような空母になるかはまだわからないが、2030年までに1隻目を建造する予定だという。

◎新兵器の配備は遅れている

ロシアの新兵器は自衛隊にとって脅威だが、現状では運用面で課題を抱えているようだ。実はいずれの装備も、配備があまり進んでいない。ウクライナ侵攻においてはSu-57は少数が空爆に参加しただけで、T-14は投入すらされていない。

なぜせっかくの新兵器を活用しないのか？　それは、エネルギー頼りの不安定な財政のせいで、兵器の製造が思うように進まないからだ。資源や農作物の輸出に支えられてロシア経済は復調したものの、製造業やＩＴ産業といったハイテク産業は、欧米先進国に後れをとっている。そんな状況に加え、クリミアを併合した２０１４年以降は、欧米から経済制裁を受けて、製造部品が慢性的に不足している。さらにウクライナ侵攻によって、西側の経済制裁は一層強化された。ロシア軍の経済状況が厳しくなるのは確実だ。これでは、新兵器の配備が思うように進まないのも無理はない。

ただ、ロシア軍は経済力の不利を補うべく、正面装備だけでなく、**電子戦用の装備拡充**にも注力している。ウクライナ戦でも、電子システム「**Ｒ‐３３０ＢＭＶボリソグレブスク２Ｂ**」が投入された。２０１５年に配備された最新装備で、通信やＧＰＳのジャミング（電波妨害）を目的としている。この装備はウクライナ軍に鹵獲《ろかく》されたという報道もある。真実であれば西側に送られ解析が始まっている可能性が高い。そうなれば、ロシアの戦略の一端が明らかにされていくだろう。

Japan Self-Defense Force's Ability

10

自衛隊員が中露兵より優秀とされる理由とは？

◎優秀な兵士を育成しやすい自衛隊の環境

ハイテク兵器が発展した現代において、兵士は質も重要となる。装備の高性能化が進んでいるからこそ、それらを操る知識と技能を持つ人材が必須となるからだ。この兵士（隊員）の質を比べると、自衛隊員は中露兵に勝っているといえる。

兵士が高い練度を身につけるには、平均で10年かかるといわれる。個人の戦闘技術だけでなく、組織的行動や兵器の専門知識も必要となるからだ。自衛隊は志願制なので、隊員が長期在籍しやすい。訓練を長期間にわたって受けていれば、技量は必然的に向上する。

また、自衛隊は実戦経験がないものの、アメリカ軍との共同訓練を頻繁に行うことで、経験不足を補っている。アメリカ軍は世界で最も実戦経験が豊かで、自衛隊と装備の多くを共通している。同盟国との訓練を通じて教訓や技術を学び取ることで、自衛隊員は技量を高度化させているのだ。２０００年代以降はイギリスやＱＵＡＤ《クアッド》加盟国との共同演習・訓練も行うなど、自衛隊は多国間が関わる戦闘訓練も経験しており、技術向上に余念がない。

国外において、米海兵隊との共同訓練「アイアン・フィスト22」に参加する陸上自衛隊の水陸機動団（出典：水陸機動団ツイッター）

◎人材育成が追い付かない中国とロシア

一方の**中国・ロシア兵士の練度は、まだまだ未熟な段階**である。

ロシア軍兵士は契約兵（志願兵）が７割で、残りが徴収兵だ。契約兵は５年契約だが徴収兵の期間は約１年。入隊者は地方の貧困者が多く、契約兵は給与目当てでモチベーションも低いことが多い。また、正規軍相手の経験も多いとはいえない。

中国軍においても、経済成長と大学進学率の上昇により、入隊希望者は減少傾向にあり、有能な人材を確保しにくくなっている。しかも中国軍は１９８４年の中越国境紛争を最後に大規模戦の経験がなく、それを補う共同軍事演習も、ロシアか中小国としか行なっていない。内容は基礎的な訓練が大半だ。中露は急激な軍拡に人材育成が追い付いておらず、兵士の能力は自衛隊がリードを保っているといえる。

◎規律の低さが弱点になる

中露軍の問題点はまだある。それは**規律**だ。ロシア軍兵士の規律は、お世辞にも高いとは言い難い。ウクライナにおいては「ブチャの悲劇」などの虐殺事件をはじめ、ロシア兵による民間人への暴行や略奪事件が相次いでいる。略奪品を隣国経由で自国に送った話もあるほどだ。ウクライナのプロパガンダも混ざっているだろうが、全ての事件がでっち上げとは考えにくいだろう。

そもそも、**ソ連崩壊後からロシア軍では、兵士の質の低下が深刻化していた**。経済の困窮でまともな人材が集まらず、入隊するのは元犯罪者やアウトローなどの反社会的な人材ばかり。暴行事件や麻薬の使用が日常化したばかりか、将校すらも麻薬売買や部下の労働派遣に手を染めていた。プーチン大統領は20年に及ぶ軍制改革を実施してきたが、ウクライナでの状況をみるかぎり、改善しきれていなかったことが露呈している。

中国軍も、同様の問題をはらんでいる。**鄧小平《とうしょうへい》の時代には将校のビジネスが許されていた**ので、兵士が不動産業や製薬売買に手を出すケースが後を絶たなかった。役人と結託して軍の備品を売りに出すケースまであったという。習近平主席の改革で軍人ビジネスは事実上禁止されたが、ビジネスネットワークが生きていれば、末端の兵士に腐敗が及んでいる可能性はある。ロシア軍に近い性質の中国軍が、有事で不祥事を起こさないとは言い切れない。

自衛隊では「自衛官の心構え」という信条で隊員の在り方を説き、不祥事は通常の刑法と「自衛隊員倫理法」で取り締まられる。いじめや暴力事件といった個人の不祥事はあるが、組織的な悪事はいまのところなく、海外派遣先でも規律の高さは有名だ。中国軍とロシア軍が真の世界レベルに達するには、兵士も規律のある専門家集団になる必要があるだろう。

Japan Self-Defense Force's Ability

11

自衛隊はどのようにサイバー戦に備えているのか？

◎宇宙・サイバー空間・電磁波領域の防衛戦略

現代の戦場は陸海空だけではない。**宇宙やサイバー空間**も軍事行動の範囲である。それに現代戦では無人機（ドローン）の利用も活発だ。こうした現状に対応すべく、防衛省は31大綱《たいこう》に基づき、宇宙、サイバー空間、電磁波領域の防衛能力向上を目指している。31大綱とは、平成30年（＝２０１８年）に策定された、２０２２年6月時点で最新の防衛計画である。三領域は、それぞれの頭文字を取り「**ウサデン領域**」とも呼ばれている。

まずは宇宙領域への対応からみていこう。２０２０年、31大綱に基づいて、航空自衛隊内に「宇宙作戦隊（２０２２年に宇宙作戦群に再編）」が設立された。府中基地を拠点とする防衛大臣直轄の宇宙専門部隊だ。ＳＦチックな名称だが、その任務は**他国の人工衛星と宇宙ゴミ（デブリ）の地上からの監視**である。

現状では、発足したばかりで装備は十分とは言い難い。監視はＪＡＸＡ（宇宙航空研究開発機構）の光学望遠鏡とレーダーを利用することになるが、これは宇宙監視用の防衛装備が不十分であるからだ。ただ、山口県で宇宙監視用レーダーの整備が進んでおり、２０２３年には稼働開始の予定だ。２０２６年を目安に、宇宙状況監視衛星も打ち上げられるという。

サイバー領域の強化を託されたのは、２０２２年３月17日に新設された**自衛隊サイバー防衛隊**だ。サイバー防衛隊という組織自体は２０１４年に発足していたものの、指揮通信システム隊隷下の一組織で、人員規模は不十分だった。そこで陸海空の電子

2022 年 3 月 18 日に府中基地で行われた、宇宙作戦群新編の記念式典。鬼木誠防衛副大臣から、群司令の玉井一樹 1 佐に隊旗が授与された（出典：防衛省ツイッター）

防衛を一元化するため、指揮通信システム隊が廃止されて、自衛隊サイバー防衛隊が発足したというわけである。組織規模は540人。他国からのサイバー攻撃を防止するとともに、人材の育成支援を目的としている。

電磁波防衛の強化も、着々と実行されている。2021年3月29日には、熊本市健軍《けんぐん》駐屯地に**第301電子戦中隊**が編成された。主な任務は、他国兵器の電波解析と、電波無力化による無線妨害である。電子妨害用の「NEWS」というシステムも整備中だ。有事には、敵の通信機器を妨害するなどして活用される。**電子戦能力の強化は島嶼《とうしょ》防衛に必要不可欠**と見られているため、沖縄をはじめ南西部を中心に、電子戦部隊の配備は今後も進められていく予定だ。

最後に、ドローン・無人機への対応について。防衛省は災害用ドローンの拡充を発表し、各部隊は災害時における運用面の訓練を積んでいる。災害が起きた際には、迅速な対応が期待できるだろう。ただ、他国のような偵察・情報収集面での利活用は、これからの課題である。今後は三沢基地に導入された無人偵察機の活用や、監視ドローンの試験などを通じて、この分野の強化策が考えられていくはずだ。

◎現状では中露がリード

このように、自衛隊はウサデンの強化に努めている。だがこの分野は現状、**中露がかなりリードしている。**

ロシアは2015年に官民一体の宇宙コーポレーション「ロスコスモス」を設置。同時に空軍と宇宙軍を「ロシア航空宇宙軍」に再編し、軍事衛星の運用能力と他国衛星の妨害能力を高めている。中国軍も2010～2014年までに、三度の衛星破壊実験に成功。中国版GPSと呼ばれる「北斗衛星測位システム」の整備も進めている。

サイバー領域の規模も、両国は日本を大きく引き離している。日本の人員が540人であるのに対し、中国サイバー部隊は約3万人。有事には国家の指示で個人や民間企業も動員されるという。ドローン分野においても、すでに世界の輸出市場シェアは中国が1位。2017年には宇宙寸前の空域でのドローン運用に成功している。無人機の運用規模も、アメリカに次ぐ世界第2位だ。ロシアも2008年のグルジア戦争でドローンに苦戦した教訓から、2016年までに2000機を導入するドローン先進国となっている。

これら中露の実績と比較すると、自衛隊のウサデン対策は十分とはいえない。この差をどう埋めるかが、安全保障における大きな課題だ。

国防の最前線に置かれている自衛隊の部隊とは？

Japan Self-Defense Force's Ability
12

◎九州以西を防衛する「第15旅団」

自衛隊が発足したのは、東西冷戦の只中であった。そのため極東ソ連軍こそが日本の最大の脅威であるとされ、北海道での大規模戦闘を想定した部隊編成が、自衛隊では進められた。90式戦車を主力とする機甲師団「北部方面隊第7師団」の整備や、当時最新鋭のF - 15戦闘機のライセンス生産も、そうした流れの一環である。

しかし、冷戦終結により北方の脅威は低下し、代わって**尖閣諸島を含んだ九州以西の島嶼《とうしょ》防衛**こそが、重視されるようになった。そんな前線の防衛を任されているのが、陸上自衛隊の**西部方面隊**だ。

西部方面隊は、第15旅団、第4師団、第8師団を主力とする。総監部が置かれているのは熊本市で、防衛を担当している地区は、九州本土を含め、沖縄、対馬、南西諸島と、安全保障上の脅威が及ぶ地域のほとんどを任されている。

なかでも、**第15旅団は尖閣諸島防衛を担当する、最前線の部隊**である。第15師団は第1混成団を増員して2010年に新設された部隊で、那覇駐屯地を拠点とする。本土の軍団とは違って戦車隊や特科（砲兵）部隊のような重火力は一切なく、部隊構成は普通科（歩兵）のみ。しかし機動性は自衛隊のなかでも随一の高さで、島嶼防衛やゲリラ攻撃に適応した部隊編成となっている。

訓練にあたる第15旅団の隊員（出典：第15旅団HP）

◎離島の防衛と奪還を担う「水陸機動団」

尖閣諸島の防衛戦力は、第15旅団だけではない。2018年に離島防衛を意識して改編された**水陸機動団（水機団）**も重要な戦力である。

水機団は、迅速な行動を可能とすべく、陸上総隊の直轄として独立している。占領された島々の奪還を任務とする「西部方面普通科連隊（西普連《せいふれん》）」（2002年設置）が前身だ。拠点は佐世保の相浦《あいのうら》駐屯地である。主力を担うのは、西普隊を再編した「第1水陸機動連隊」と、新編された「第2水陸機動連隊」。さらに、水陸機動連隊が上陸する前後に火力支援を行う、機甲科部隊の「水陸機動団戦闘上陸大隊」も設置された。

現在の第1水陸機動連隊は、西普隊設立当初の隊員数とほぼ同じ約600名。水機団全体では約2400人、将来的には3000人規模まで拡大される予定だ。

水陸機動団。島嶼防衛において、特に奪還任務で力を発揮する（出典：水陸機動団 HP）

◎対馬防衛を担当する「ヤマネコ隊」

尖閣諸島や南西諸島ばかりが注目されがちだが、韓国に最も近い対馬も、国防の最前線の一つだ。対馬は、九州、沖縄、南西諸島にいたる対中防衛ラインに連なる、防衛戦略上重要な場所に位置する。

防衛部隊は、西部方面隊第4師団の**対馬警備隊**である。対馬は韓国から約50キロという距離にあり、近隣には海上自衛隊の対馬防備隊（対馬市美津島町《みつしまちょう》）や航空自衛隊第19警戒隊のレーダーサイト（海栗島《うにしま》）など、重要施設が置かれている。

対馬警備隊は、普通科1個中隊を中心とする小規模な編成ではあるが、部隊は第4師団の管轄下に置かれ、隊長は本来では連隊に置かれるはずの1等陸佐が就任する。対馬警備隊は中隊規模であるにもかかわらず、連隊並に扱われる特別部隊なのだ。

対馬警備隊発足のきっかけは、1959年にまでさかのぼる。対馬防衛は在日米軍の派遣部隊が担当していたが、同年に部隊は撤収。そこで2年後の1961年に、陸自から対馬作業隊が派遣された。それから約20年後の1980年に部隊改変が行われ、ゲリラ対処能力を向上させた、現在の対馬警備隊となった。

警備隊の任務は、**本土から増援が着くまで対馬を死守する**ことにある。圧倒的多数の敵軍との戦闘も考慮されているため、森林地帯でのゲリラ戦能力に特化しているのも部隊の特色だ。そうした部隊方針から対馬部隊は**ヤマネコ隊**とも呼ばれ、レンジャー資格者の割合も西部方面隊ではトップクラスといわれている。

Japan Self-Defense Force's Ability 13

自衛隊には特殊部隊が存在する？

◎陸上自衛隊の特殊部隊「特殊作戦群」

ゲリラや対テロ作戦に重点が置かれる現代において、専門性を持つ**特殊部隊**は重要だ。実は自衛隊にも、世界に誇れる特殊部隊が存在している。

例えば、陸上自衛隊には**特殊作戦群（ＳＦＧｐ）**という特殊部隊がある。設立は２００４年で、防衛大臣直轄の陸上総隊隷下にある。その実態は謎に包まれており、判明しているのは部隊名と本部が習志野駐屯地に置かれていること、人員数が３００人前後であることくらいだ。隊舎に部隊名が掲げられることはなく、家族や友人にすら、部隊に所属していることを明かしてはならない。同じ駐屯地の別部隊も、詳しいことはわからないという。

詳細は不明ながら、訓練はアメリカ軍の特殊部隊デルタフォースを参考にしているともいわれる。装備は89式小銃などの日本製だといわれる一方で、Ｍ４カービン（小銃）などの外国産も使われているという推測もある。

日米豪印共同訓練「マラバール2021」に参加した特別警備隊（出典：海上自衛隊ツイッター）

◎不審船への切り札「特別警備隊」

海上自衛隊も、秘密性の高い特殊部隊・**特別警備隊（SBU）**を擁する。２００１年に不審船の武装解除と無力化を目的として、広島県の江田島《えたじま》基地に創立された、海自初の本格的な特殊部隊だ。

こちらも情報の多くを秘匿しているが、特殊作戦群とは違い一般人に目撃される機会が多い。江田島周辺に設置されているカキ養殖用筏《いかだ》を守るために、部隊は訓練時の減速を義務づけている。そのため地元民に目撃される機会が増えたのである。

２００７年の公開訓練では、黒いタクティカルスーツに身を包んだ隊員たちが、同じく黒いＲＨＩＢ（複合型高速ゴムボート）に乗り込み想定不審船に突入した。武装は日本製の89式小銃や９㎜拳銃が中心だった一方で、国内には存在しないはずのＰ２２６Ｒ（拳銃）が確認された。２０１０年にはドイツ製小銃ＨＫ４１６を採用したという情報もある。以上を勘案すると、装備は国産と海外産を併用している可能性が高い。

編成は、教育専門部隊を含めた4個小隊（3個小隊の説もある）と思われる。かつては水中爆弾処理部隊・水中処分員（ＥＯＤ）の隊員から選抜されたといわれているが、現在では全海上自衛隊員のなかから、志願者を募集している。

◎航空基地の防衛隊「基地警備教導隊」

陸自や海自と異なり、航空自衛隊には特殊部隊と呼べる部隊は存在しなかった。空自の要は航空機部隊であり、戦闘部隊と呼べるものは基地施設やレーダー施設などを防衛する「基地警備隊」くらいしかなかったのだ。しかし、２０００年代に入ってテロやゲリラの脅威が増すと、基地警備隊では人員・技術・装備の全面において対処しきれないと、指摘されるようになる。

そこで航空幕僚監部は、アメリカ同時多発テロが起きた２００１年より、基地警備隊の訓練を強化。２００６年には「基地警備研究班」が府中基地の航空総隊に発足し、基地警備についての研究を進めた。そして２０１１年３月、百里《ひゃくり》基地において、航空総隊直轄（現在は航空戦術教導団隷下）の専門部隊「**基地警備教導隊**」が新設された。

訓練中の基地警備教導隊（出典：百里基地ツイッター）

装備は軽装甲機動車や64式小銃などの国産品で統一されているが、新式の89式小銃は配備されてはいない。それは部隊名が示すとおり、主任務が各基地警備隊に対する教導と基地警備に関する調査研究だからだ。

ただし、実態は単なる警備組織ではなく、有事に即応することを目指した部隊である。基地へのテロ攻撃などが起きた場合、陸自が到着するまでの対抗措置として、実戦投入されることになっているのだ。空軍施設にはレーダーサイトなど監視設備が少なくない。そうした装備を守るために、運用されると思われる。

Japan Self-Defense Force's Ability

14

化学兵器などのテロ行為にいかに備えているのか？

◎重要度の高まる化学科部隊

放射線や細菌・ウイルスの毒素、毒ガスなどを用いて人体に被害を与える化学兵器。それぞれの頭文字をとって「NBC（nuclear＝核・biological＝生物・chemical＝化学物質）兵器」と呼ばれることもある。少量で多大な損害を与えることができるだけでなく、汚染によって長期にわたる影響を及ぼすことも可能である。生物兵器や毒ガスなどの場合、比較的、低コストで製造が可能なため「貧者の核兵器」とも呼ばれる。近年は国家単位ではなく、テロリストのような小規模組織による使用が危惧されている。

このような化学兵器に対応すべく陸上自衛隊に設けられているのが、**化学科**という組織だ。ＮＢＣへの汚染対応力を持つ唯一の部隊であり、ＮＢＣ兵器の使用や原発事故などが起こった際の汚染への対応が任務である。隊員は、除染車両や感知器を装備して汚染された区域へ赴く。汚染濃度を測定して本部へ情報を送ると同時に、除染も行う。

大宮駐屯地に駐屯する化学科部隊・中央特殊武器防護隊の訓練風景（出典：中央特殊武器防護隊 HP）

◎世界で唯一化学テロを経験

90年代以前の化学科は、ＮＢＣテロの現実味が薄かったこともあって、あまり重宝されていなかった。部隊の規模は小さく、各師団司令部付属の小部隊程度だった。

しかしオウム真理教による「地下鉄サリン事件」（１９９５年）や、日本ではじめて事故被曝《ひばく》による死者を出した「東海村ＪＣＯ臨界事故」（１９９９年）に化学科の部隊が出動したことで、ＮＢＣ汚染対策への注目が集まった。２００１年にアメリカで炭疽菌《たんそきん》を使用した細菌テロが発生すると、翌年には生物兵器対策を整理した文書「生物兵器対処に係る基本的考え方」が作成されている。そうして国全体がNBC対策を進めていくなかで2008年に創設されたのが、**中央特殊武器防護隊**である。

中央特殊武器防護隊の前身は、地下鉄サリン事件へ対処し、世界で唯一化学テロを経験したとされる「第101化学防護隊」だ。この貴重な経験を活かして、2011年の「福島第一原発事故」でも除染活動に従事した。このときは汚染濃度が高すぎたことで作業は中断されたが、事故の教訓を生かすため、部隊の規模と装備はより強化されていくとみられている。

◎汚染除去用の最新装備「NBC偵察車」

化学科には、NBC汚染の度合いを測定する「化学防護車」と、周辺偵察を目的とした「生物偵察車」が配備されていた。だが状況ごとに使い分けなければならず、運用面で課題があったため、新たな車両が開発されることになる。それが**NBC偵察車**だ。

NBC偵察車は、化学防護車と生物偵察車の両方の機能を兼ね備えており、1台でNBC兵器が引き起こす全ての被害に対応できるという。テロリストへの対応も想定して、車外には12・7㎜重機関銃が装備されている。

汚染の調査方法は内部構造が非公開のため不明だが、2012年に公開された情報や目撃証言から、優れた分析能力を備えているのは間違いないと推測されている。

車外に取り付けられた各種観測機は、汚染物質の種類を問わず、あらゆる場面で正確に周囲の汚染度を測定する。発見された汚染物質は、化学グローブと採取用機器で車内にいるまま回収可能だ。採取されたサンプルは、内部にあるとされる高度な解析装置で種類を特定したのち、リンクシステムを通じて他の部隊に情報が伝達され、除染作業の司令塔として活動するといわれている。

未公開の情報が多いとはいえ、NBC偵察車の投入で化学科の汚染除去力が向上したことは間違いないだろう。

大宮駐屯地のNBC偵察車。各地に約20輌が調達済み

Japan Self-Defense Force's Ability
15

災害派遣のときに自衛隊はどのような活動を担う？

◎阪神淡路大震災を機に派遣要請を見直し

自衛隊の任務は、国土の防衛だけではない。**災害発生時における救助活動**も、自衛隊法第83条によって定められた任務の一つである。

派遣要請を出せるのは、主に災害地域の都道府県知事だ。以前は要請がない限り、自衛隊は災害現場へ赴くことはできなかったが、１９９５年に起きた阪神淡路大震災の教訓から、制度は改められた。

震災によって神戸を中心とする関西一帯は大被害を受けたが、知事による自衛隊派遣要請が遅れたことで早期の救助活動が行えず、多くの人命が失われた。これを契機に法律は改正され、要請がなくても出動が可能な「自主派遣」と、災害現場付近の部隊長が出動の可否を判断できる「近接派遣」が行えるようになった。これ以降、自衛隊の部隊が自治体や警察消防の防災訓練に参加することも珍しくはなくなった。災害における自衛隊の即応性は確実に向上している。

広島市において人命救助活動を行う自衛隊員ら（出典：陸上自衛隊HP）

◎災害現場での活動内容

では、自衛隊は災害現場において、どのような活動に従事しているのか？　まず、災害発生の報告が届くと、現場最寄りの基地や駐屯地に指揮所が設置される。ここから航空機やヘリを出動させたり、都道府県庁と連絡を取り合うことで、災害の規模や被害情報を収集する。この情報を救助活動に役立てるべく、関係機関に伝達したり、自ら活用していく。各部隊は平均1時間以内に出動できる体制を整えているので、迅速に災害現場へと出動できる。そのうえで、派遣先では「被災者救助」「インフラ復旧」「生活支援」の三つの活動に従事することになる。

隊員は現場へ到着すると、警察と消防などの協力を得ながら、行方不明者の捜索と被災者の救助を行う。重要なことは、捜索対象に生存者だけでなく遺体も含まれることだ。生存が絶望視される状況でも、現場の独断で捜索を打ち切ることはない。見つけられた遺体は腐敗が進行して破損が酷かったとしても、個人が特定しやすいよう洗浄されて遺族に引き渡される。

インフラの回復は民間の仕事だが、民間企業が作業を行うのは危険だと判断された地域では、自衛隊が初期復旧を担うことになる。部隊は重機や工具などで瓦礫《がれき》や木々を撤去していき、損傷した道路や橋があれば、陸自が修理するか架橋用の支援装備を設置するなどしていく。

被災者への生活支援も、自衛隊の任務である。避難所生活を強いられる被災者たちに陸路や空路から救援物資を運搬したり、ボランティアや地元自治体と協力しながら衣食住の支援を行う。こうしたときに役立つのが、**災害支援用の車両**である。野外演習用の炊事装備「野外炊具1号」は1台で200人の食事を用意可能で、「野外洗濯セット2型」は洗濯機と乾燥機の機能を使うことができる。「野外入浴セット2型」は1日で

1200人もの被災者を受け入れることが可能で、臨時の銭湯として活用される。

◎支援機材だけでなく防衛用の装備品も総動員

災害救助活動を確実に遂行するためには、優れた救助用装備が欠かせない。かつてはシャベルや携帯スコップ程度しかなかったが、現在は装備が一新され、隊員には「人命救助システム」という支援機材が配備される。救護所として使用可能な大型コンテナから、個人用の機材まで、災害救助を円滑に行うための多種多様な装備だ。被災者支援で活用される装備の他に、最大9トンの物資を輸送できる中型ヘリ「CH-47J」、災害時の海上拠点にもなるヘリ空母型護衛艦や輸送艦「おおすみ」型などの装備も災害派遣時の活動に役立てられている。

大規模災害は、国家レベルの被害をもたらす。そうした被害を最小限に食い止めるために、自衛隊も装備と力を総動員しているのだ。

Japan Self-Defense Force's Ability

16

自衛隊は平時にどのような任務に就いている？

◎平時の務めは訓練

自衛隊はもしものときに備えているが、幸いにも、本格的な出動はいまのところ滅多にない。では、自衛官が平時に何をしているかといえば、それは**訓練**である。

陸上自衛隊の訓練は、体力づくりが中心となる。有事を想定しているのはもちろん、近年、陸自隊員の出動の機会が多い災害現場での任務などには、体力づくりが必要不可欠である。

訓練の内容はさまざまで、ランニングや筋力トレーニングのような基礎から、ハイポートと呼ばれる武装状態での長距離走など多岐にわたる。格闘戦を想定した徒手格闘訓練、ナイフや銃剣を使った短剣・銃剣訓練、小銃による射撃訓練もメニューに組み込まれている。

こうした個人訓練が陸自訓練の基本ではあるが、ときには部隊や師団単位での実動演習や、災害派遣を想定した救助訓練が行われる。特科（砲兵に相当）や機甲科（戦車部隊など）ともなれば、戦車訓練や長距離砲撃訓練をすることもある。

陸上自衛隊のレンジャー教育（出典：第13旅団HP）

◎機材チェックや整備・掃除も重要な仕事

海上自衛隊と航空自衛隊でも体力づくりは行われるが、メインは艦艇や航空機での訓練である。護衛艦隊では、艦艇単位による戦闘の想定や防火演習、艦隊全体や海自航空隊と共同した船団護衛や機雷処理、対潜水艦、海上救難訓練が行われる。空自のパイロットの場合は、就業時間のほとんどをフライト訓練と飛行研究にあてている。

これらの訓練に使われる機材の手入れも、重要な仕事の一つだ。陸自隊員は誤作動がないよう小銃を細かな部品まで入念に磨き上げ、護衛艦では甲板や艦内が掃除される。空自でも使用する航空機を整備士と共同でチェックする。地味な任務と思われがちだが、訓練を満足に行い、有事に過不足なく行動するには、装備を確実に動作できるようにすることが肝心である。

◎24時間体制で領海と領空を監視する海自と空自

このように、自衛官は常日頃から訓練に励んでいるが、それだけが平時の任務ではない。四方を海に囲まれている日本では、領空と領海の監視やシーレーン防衛も重要だ。こうした監視・防衛任務も、海自と空自が担っている。

海自は護衛艦や哨戒機を使い、海上保安庁と合同で領海内に不審な船舶が侵入していないかを逐一警戒している。特に警戒されているのは、工作船の侵入である。

また、シーレーン破壊や偵察行動に用いられる潜水艦の危険性も年々高まっている。2000年代以降は、中国のものと見られる潜水艦が日本領海の近辺でたびたび発見されている。日本や自衛隊・在日米軍の活動に関する情報を収集しているのだろう。もしも海上輸送路で潜水艦が挑発行為を行えば、日本の資源・食料の輸入ルートが断たれ、国内に混乱が広がるかもしれない。こうしたシーレーンへの脅威を取り除くべく、海自は海上保安庁と協力体制を敷きつつ、護衛艦や哨戒機で日本領海を監視・警備しているのだ。

空自の場合は、領空内に無許可の航空機が侵入しないよう、レーダーサイトと早期警戒機によって24時間休みなく監視するのが任務である。監視網に不審機が引っかかれば、手順に従い戦闘機部隊がスクランブル発進をすることになる。

他にも、自衛官の仕事は幅広い。会計科で事務を担当する隊員は、給与関係の調整や物資・武器の調達、基地運営に関する業務を任せられるし、医務官は各基地や駐屯地での医務室に勤務し、整備員であれば車両や航空機の整備に従事する。防衛省でも、大型演習の期日調整や新装備の開発設計、国内外の情報分析と整理にと、第一線を支える業務に従事している。平時における多様な人々の活動が、日本の防衛につながっているのである。

Japan Self-Defense Force's Ability 17

自衛隊が抱える教育施設の実態とは？

◎幹部候補生を育成する「防衛大学校」と「幹部候補生学校」

自衛隊の教育機関でもっとも有名な施設といえば**防衛大学校（防大）**だろう。防大は文部科学省管轄の「大学」ではなく、防衛省管轄の教育機関である。大学設置に関する要件を定めた学校教育法ではなく防衛省設置法に基づくため、名称は大学ではなく「大学校」だ。

防大は、自衛隊における**幹部育成の中心施設**であり、受験資格は一般大学と同じく18歳以上高卒者（見込含）。ただし年齢は21歳未満（自衛官は23歳未満）とされているので、3浪以上の受験者は制限されてしまう。入学資格は日本国籍保持者のみで、外国軍から

防衛大学校本部庁舎。神奈川県横須賀市に位置する（出典：防衛大学校 HP）

の長期留学生を除いた外国籍者の入学は不可能だ。入学試験は学力を測る1次と、体力、適応力、面接などの2次に分けられ、これらに合格すると防大の学生となる。

入学者は特別職国家公務員扱いとなり、日常生活にかかる費用はすべて国が負担し、手当が毎月支給される。といっても、入学すると寮生活が義務付けられ、卒業か退学するまで共同生活を強いられるため、頻繁に遊び歩くことはできない。土日祝以外の外出は基本的に許されず、一日の生活は朝6時から22時半まで隙間なく予定が組まれるハードな環境に置かれる。晴れて4年の学業期間を修了すると、3隊それぞれの曹長に任命されるのだ。

防大以外の教育機関としては、陸海空それぞれの自衛官幹部候補生や防大卒者などが入学する「幹部候補生学校」がある。名前どおり幹部養成校のことであり、高度な技術や知識の学習を目的としている。

◎部隊教育のしくみ

防大や幹部候補生学校卒業後、自衛官は部隊勤務に就く。ただ、自衛官になるために突破しなければならない関門はまだある。最初に就くのは、**教育隊**と呼ばれる自衛官教育のための部隊だ。教育隊は教育施設ではないものの、自衛官教育に必要不可欠である。

陸海空で、教育機関や教育内容は異なる。陸上自衛隊では、各方面隊の陸曹教育隊をはじめとする各種教育隊で、約3カ月の間に訓練と教育に励むことになる。海上自衛隊の場合、海上部隊は横須賀、舞鶴、呉、佐世保に設置された教育隊で、約5カ月にわたって海上勤務の基礎を学ぶ。海自航空部隊の教育期間はより長く、山口県下関市の小月《おづき》教育航空隊で約4年の教育と、さらに2年の訓練を積み重ねる。航空自衛隊はもっとも長く、山口県防府市の第12飛行教育団に入隊することが義務付けられ、約5年もの間、勉学と訓練に励まなければならない。

その後、一般隊員は実働部隊配属となるが、幹部候補生であれば、陸自は**職種学校**、海自・空自は**術科学校**へと進む。

職種学校は11種類あり、普通科と機甲科向けの富士学校や、高射特科用の高射学校、兵器整備を学ぶ武器学校や経理関係の小平学校などが置かれている。術科学校であれば、海自は艦艇戦闘の第1から、艦艇整備と海自用航空機の技術を学ぶ第2と第3、後方支援部隊用の第4に分かれており、空自は航空機整備や管制に関する教育が施される第1から第5までの術科学校が設置されている。幹部候補生は配属先に応じた専門の学校に入学する必要があり、これらの学校を卒業して初めて幹部と認められる。

◎中卒者を対象とした「陸上自衛隊高等工科学校」

その他の教育機関としては、衛生科や自衛隊の病院で働く医官を育てる**「防衛医科大学校」**や**「陸上自衛隊高等工科学校」**がある。

陸上自衛隊高等工科学校は、16歳未満の中卒者（見込含）を対象とする。防大生と同じく、寮生活や分刻みのスケジュールのなかで陸自幹部を目指すことになる。この学校は文科省管轄の高等学校ではないが、入学と同時に横浜修悠館高等学校へも籍を置くことになるので、卒業と同時に高卒資格も与えられる仕組みとなっている。

【第二章】

日本をとりまく
安全保障環境の実態

日本の国防の方針を定めた国家安全保障戦略の柱とは？

Japan Self-Defense Force's Ability 18

◎国際協調を主軸にした安全保障戦略

日本は半世紀以上も安全保障の基本方針を持っていなかった、と聞けば驚く人もいるかもしれない。

１９５７年に「国防の基本方針」が閣議決定されたことで、防衛政策の基礎は定められた。ただしその内容は、具体性に欠けていた。「国際連合の活動支持と国際協調」「国家安全保障の基盤確立」「必要限度の防衛力整備」「侵略に対しての日米安保を基調とした対処」を定めただけで、それらの方針をどう具体化するのか、対策は表記されなかったのだ。

２０１３年12月、第２次安倍晋三内閣は、国防の基本方針に変わる新方針を策定する。国際社会の求めに応じるため、安全保障政策を政府全体で取り組むために、新方針が必要になったからだ。それが**国家安全保障戦略**である。

国家安全保障戦略の基本理念は、「積極的平和主義」と定められた。外交だけでなく、自衛隊の活動も通じて、国際秩序の維持と安全に努める。それが政府の掲げた積極的平和主義だ。過去の方針が自国防衛を重んじたのに対し、**新戦略は外交・防衛を包括して組み立てられている**。この戦略を踏まえて「防衛計画の大綱」と「中期防衛力整備計画」、最後に予算が決められていく。

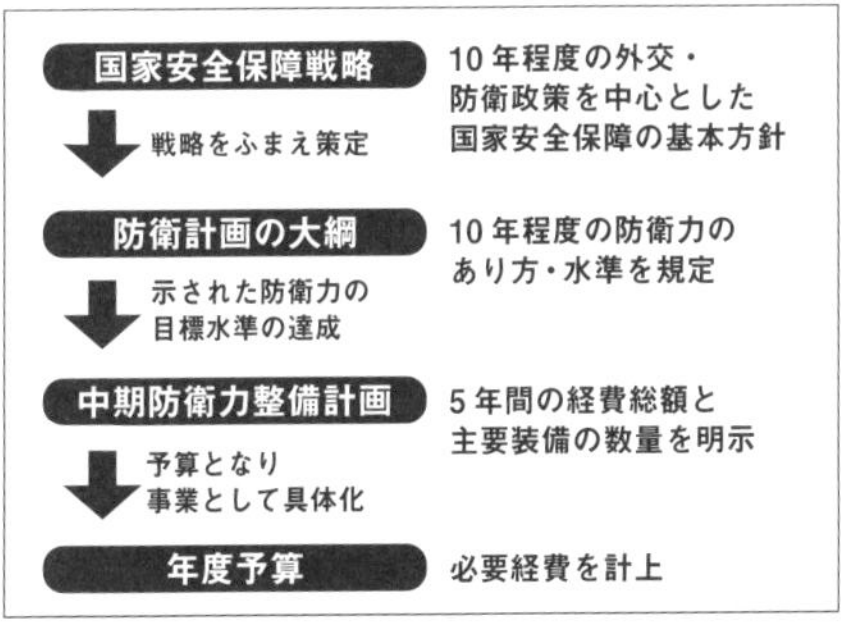

国家安全保障戦略の概要（『令和２年度版防衛白書』を元に作成）

◎安全保障上の課題を明確化

新戦略が網羅する範囲は多岐にわたるが、全体の傾向としていえるのは、**曖昧だった点の明確化**である。

国家安全保障の目的は、以下の三つにまとめられた。

・日本の平和維持と抑止力の強化
・日米同盟と対外国との関係強化によるアジア・太平洋の安全保障環境改善
・外交努力と人的貢献による国際秩序の強化

また、国家の脅威も明確化されている。脅威の対象は、大量破壊兵器の拡散、国際テロ、海賊行為によるシーレーンの不安定化である。さらに、宇宙空間の人工衛星衝突、サイバー攻撃によるインフラ破壊のリスクも指摘されており、対策として能力強化や人材の育成が唱えられている。

国防の基本方針では想定されていなかった、**自衛隊の海外派遣**などについても、新戦略では明示されている。安保上の戦略に国際ＰＫＯへの積極的協力を位置づけた他、武器輸出三原則を見直し、武器輸出の原則を定めることとした。これに基づき策定されたのが、防衛装備移転三原則だ。

もっとも注目すべきは、**中国と北朝鮮を安全保障上の課題として名指しした**ことである。そのうえで、中国とは脅威に対抗する措置を講じつつ、戦略的互恵関係の構築を目指すことが謳われた。北朝鮮との課題は、国連安保理決議などに基づき解決を目指すとしている。

◎国家安全保障会議とは何か？

こうした戦略を指揮するのが、2013年に設置された**国家安全保障会議（NSC）**である。会議は、総理と各大臣で構成される。その役割は、外交、情報、軍事、経済を統合しつつ、安全保障の政策を立案することだ。**縦割り行政の弊害を取り除き、安全保障政策の大系化**を目指すとした。2014年には「国家安全保障局」が常設され、会議の調整役として運用されている。この会議の指導の下、10年を目安に戦略内容を変更することになっている。

国家安全保障戦略が定められてから、2023年で10年を迎える。外務・防衛省が情報を共有するようになった点や、閣議前の意思決定を準備する場として機能している点などを踏まえると、いまのところ目的に沿って運用されているといえるだろう。**2022年度末には、戦略の見直しが行われる予定**だ。敵基地攻撃能力の保有問題が焦点になる他、技術の軍事転用防止やサイバー・宇宙の防衛強化も盛り込まれる見込みだ。日本の安全保障環境が厳しくなるなか、現実問題に対処できる防衛プランを定められるか、注目される。

自衛隊の基本戦略「防衛大綱」の内容とは？

Japan Self-Defense Force's Ability
19

◎日本の防衛戦略の移り変わり

防衛大綱《ぼうえいたいこう》は、日本における安全保障対策の基本方針だ。つまり、**自衛隊の基本戦略**である。正式名称は「防衛計画の大綱」。これを基に防衛力の整備と安全保障政策の促進を、約10年間を目安に実行する。中期防衛力整備計画などの部隊整備の基礎でもある。世界や国内の状況いかんでは、10年に縛られず改定されることもある。

現在の防衛大綱は、２０１８年に策定された**30大綱**である。30という数字は、策定された平成30年からとられている。過去の大綱も、同じく元号年で呼ばれる。初の防衛大綱は１９７６年に策定された51大綱だ。定められたのは、ソ連の脅威に対抗するための基本戦略だった。それが現在の30大綱では、宇宙やサイバー空間といった、領土や現実外の領域も安全保障の範囲となっている。**防衛大綱はこれまでに、6回策定されている。**その移り変わりを知ることで、自衛隊がどのように日本を守ろうとしてきたのか、今後どのように日本を守るつもりなのかが、明らかになるはずだ。

◎防衛力を最小限にとどめる戦略

初の防衛大綱である51大綱は、ソ連の脅威に対抗するべく、**限定小規模対処と基盤的防衛力構想**を戦略の柱とした。限定小規模対処は文字どおり、小規模の限定侵攻への対処を想定した戦略だ。基盤的防衛力構想のほうは、その後の防衛大綱にも影響を与えた、防衛戦略のキーワードだ。周辺国の脅威に軍拡で対抗するのではなく、最小限の防衛力にとどめることで「力の空白地」となり、アジアの不安定要素になるのを避けるという方針である。この戦略を「戦力の空白化」ともいう。

51大綱は約20年保持されてきたが、冷戦が終結し、国際貢献の重要度が増すと、新しい環境に対応すべく、1995年に初めて改定された。それが「07大綱」である。基盤的防衛力構想を受け継ぎつつ、災害派遣と安全保障環境の構築を明記した。安全保障環境の構築とは、日米同盟を基軸とした海外貢献のことである。

アメリカで9・11同時多発テロが起きたあとの2004年には、「16大綱」が定められた。柱は、国際テロと弾道ミサイルの脅威への対抗だ。この頃から、**基盤的防衛力構想の限界を指摘する声が大きくなった。**そこで、侵略防止の戦力を持つという基盤的防衛力構想の一部を継承しつつ、装備・運用の効率化と合理化を図り、高度な技術・情報力に裏打ちされた実効性を実現するという、対処能力が重視されるようになる。国際的な平和活動への積極的取り組みが明記されたのも、この16大綱からである。

2010年に鳩山内閣によって制定された「22大綱」では、ついに基盤的防衛力構想が廃止され、「動的防衛力構想」が構築された。より高い即応性と機動力を整備する戦略構想である。対テロ戦や南西諸島における対中戦を想定していたが、2012年に民主党が衆院選に敗北し、政権を失ったので、実質2年間しか運用されていない。

続く第2次安倍内閣が2013年に策定した「25大綱」では、**統合機動防衛力構想**が目玉となった。政府の念頭にあったのは、中国・北朝鮮の軍拡、さらには有事か平時か曖昧な事象（グレーゾーン事態）への対処である。防衛力の質と量が両立されていないという意識から、政府は**即応性と連携性を重視**する方針を決定。これを実現するべく、後方支援の体制を強化し、技術、情報、指揮統制の高度化を図った他、陸海空3隊の統合運用、部隊の機動性確保も目指すことが謳われた。前政権の戦略から、より踏み込んだ形である。

◎防衛大綱から国家防衛戦略へ

そして前述した「30大綱」では、**多次元統合防衛力構想**が提唱された。これにより、従来の領土・領海・領空防衛に加え、宇宙やサイバー空間に電磁波に対する防衛能力も統合された。全体の相乗効果を高めて領域を問わない作戦横断を遂行する狙いだ。こうした領域を問わない作戦実行を「領域横断（クロス・ドメイン）」とも呼ぶ。

このように、防衛大綱は時代の変化とともに変化してきた。2021年末には、岸田政権・自民党は「防衛計画の大綱」に加えて、外交・安全保障政策の基礎となる「国家安全保障戦略」と「中期防衛力整備計画」の改定に向けて動き出した。すでに、2022年末までにこれら戦略3文書を見直す方針が示されている。新方針では、防衛大綱自体を**国家防衛戦略**に見直すことになっている。具体像は不明ながら、防衛力強化のために政府・与党がどのようなビジョンを示すのか、注目が集まっている。

Japan
Self-Defense
Force's Ability
20

中露の地政学的条件が自衛隊に与える影響とは？

◎なぜ中国は日本を挑発するのか

中国軍やロシア軍は、日本の領空・領海への侵犯を繰り返している。目的は、日本への挑発や既成事実づくりだ。中国は尖閣諸島や東シナ海の油田、ロシアは北海道周辺のオホーツク海や太平洋に、船舶や航空機を侵入させている。そうした挑発が行われるのは、**中露がアメリカの覇権に挑戦・抵抗するうえで、日本が地政学上のリスクになるから**だ。

中露が海上交通によって太平洋へと抜けようとする場合、蓋のように覆いかぶさる日本列島を通過する必要がある。海洋進出を目論む中国にとっても、オホーツク海で原子力潜水艦を運用するロシアにとっても、この状況は喜ばしいものではない。軍事行動が自衛隊に勘繰られる可能性があるし、なにより在日・在韓米軍がにらみを利かせてくる。だからこそ、周辺海域への領土的野心を抱く中国は、アメリカの影響を排除すべく、日本への挑発などを通じて同盟にゆさぶりをかけているのだ。

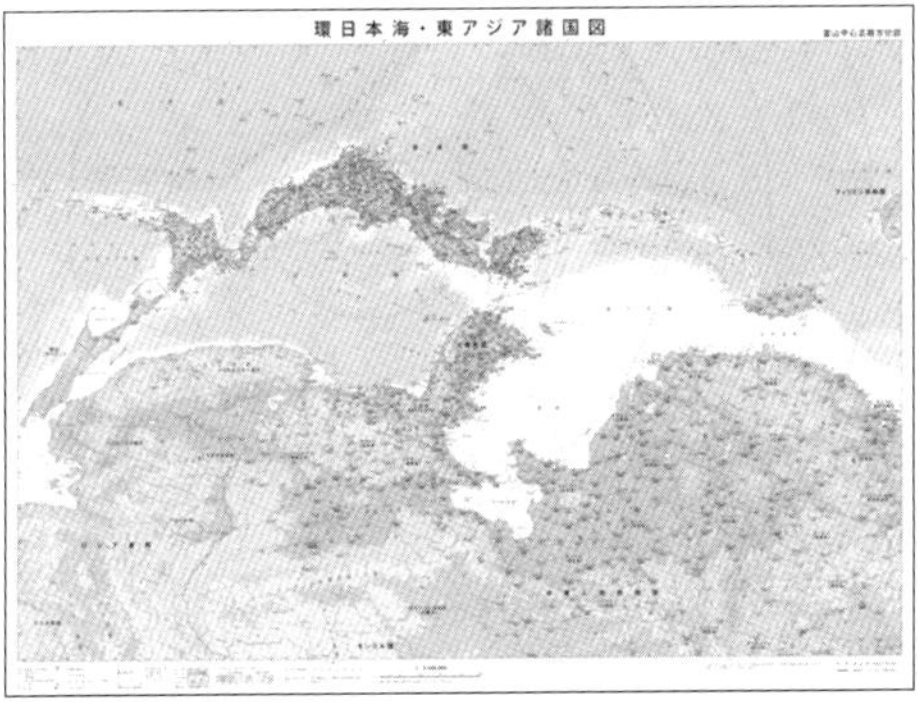

地図を回転させて大陸から日本を見た「環日本海・東アジア諸国図」。日本列島が、中国やロシアを蓋のように覆っていることが可視化されている（富山県が作成した地図を転載）

◎ロシアが抱く西側諸国への警戒感

ロシアの場合、東アジアやその海域に対して、中国のような領土的野心はないとみられるものの、この地域におけるアメリカの影響力を削ぎたいという思惑は、中国と共通している。

ロシアはただでさえ、首都モスクワがＮＡＴＯ諸国に近い。ロシア西方は事実上、親米勢力と地続きだと言っても過言ではない。ヨーロッパにおいてはドイツに大規模な米軍基地があり、対露戦略を想定したNATOの前線基地として機能している。東アジアには日本や韓国、インド方面ではディエゴガルシア島、アフガニスタン・イラクから撤退した中東方面でも、アメリカ艦隊がペルシャ湾で活動中である。近年では規模を縮小しつつあるが、アメリカ軍の海外拠点の大半はいまだ健在。ロシアの視点で見ると、ユーラシア大陸の外縁部をアメリカに囲まれた状態となっている。

ロシアが危機感を抱くのは、冷戦終結後、**西側陣営に騙されたという意識がある**からだという指摘がある。経済支援を受けるべく西側陣営に妥協して市場開放や軍縮を進めたものの、資本主義経済になじみのないロシアでは期待された経済成長が達成されず、国は貧しいままだった。そんななかで旧ソ陣営が次々にNATOに切り崩され、ロシアは勢力圏を縮小せざるを得なくなった。だからこそ、資源輸出で経済力が回復した2000年代以降は、ユーラシアにおけるアメリカの影響力に、神経をとがらせるようになったのだろう。

◎中露の地理関係

ただ、中国とロシアの間にも、地政学的問題がないわけではない。**両国は国境の大部分を接しているので、地政学上、中国はロシアを警戒せざるをえない。**

国境を接するエリアのうち、約４０００キロメートルに及ぶ満州方面には、東部軍管区の極東ロシア軍約８万人が常駐している。主要都市ハバロフスクから中国の首都北京への距離は、約１５００キロメートルだ。一方、北京からモスクワまでは約６０００キロメートルと長大で、さらに中途にウラル山脈がそびえるために、中国軍が進行するのは極めて難しい。中露が同盟を組まない理由はここにある。アメリカに対立しているという点で一致しているものの、地理的には潜在的脅威だ。領土問題などシビアな面では、手放しで味方をすることはない。実際、中国はクリミア併合を支持せず、ウクライナ侵攻でも表立った支援はしていない。日本への軍事的威嚇や挑発が行われるとしても、両国は表立って協力しようとはしないはずだ。

Japan Self-Defense Force's Ability 21

日本の安全保障上の脅威 朝鮮半島分裂のきっかけは？

◎南北が対立した朝鮮戦争の経緯

自衛隊は**朝鮮戦争**をきっかけに設置されたこともあり、朝鮮半島有事への対応が長らく研究されてきた。在日米軍との連携も、この戦争への対応を念頭に構築されている。ではそもそも、**南北が対立するようになったのはなぜ**なのか？

きっかけは、朝鮮半島が冷戦のあおりを受けて、南北に分かれて独立したことにある。北部はソ連の支援を受けた朝鮮民主主義人民共和国（北朝鮮）、南部は米英の下で独立した大韓民国（韓国）である。1950年6月、北朝鮮軍は南北の境界線である北緯38度線にて砲撃を開始。約10万人の兵士が韓国側になだれ込んだ。朝鮮戦争のはじまりだ。

北朝鮮軍は釜山近郊まで侵攻したものの、アメリカ軍を中心とする国連軍が反攻。国連軍は平壌《ピョンヤン》を制圧し、中国の国境まで達した。だが中国志願軍の参戦もあって北朝鮮軍は再び南下。その後、膠着状態となって1953年7月に休戦した。

それ以後、北緯38度線の「軍事境界線」と「DMZ（非武装中立地帯）」を挟み、南北は分断されたままである。戦争は一時休戦状態で、いまだ終戦条約は結ばれていない。

韓国と北朝鮮の軍事境界である38度線

現在、北朝鮮陸軍の総兵力は約110万人。このうち4個軍団を38度線沿いに配備し、背後には2個の機械化軍団を置いている。戦争再開時には東西に2個の司令部が臨時創設される予定だ。

一方の韓国陸軍の総兵力は約46万人で、地上作戦司令部隷下の8個軍団を、ソウル北部と軍事境界線近辺に配備している。1個軍団の兵員は北朝鮮の軍団の半分だが、高度に機械化された機動重視の編成だ。ここに、在韓米陸軍約1万8000人を合わせた戦力が、東西約250キロの38度線地帯でにらみ合っている。

◎不安な状態が続く南北情勢

　韓国の首都ソウルは、38度線から約40キロの地点にある。**戦闘が再開されれば、ソウルは北朝鮮軍に攻撃される可能性が高い。**北朝鮮軍は奇襲攻撃で米韓軍の陣地を突破し、機甲軍団を進軍させてソウルを占領しようとするだろう。侵攻時には、ロケット砲や短距離ミサイルによる砲撃とサイバー攻撃も予想されている。

　これに対抗すべく、米韓軍は２０１５年に**作戦計画５０１５**を策定する。かつての計画は、アメリカ軍本隊が到着するまで韓国軍が持久戦をとるという内容だったが、新計画は北朝鮮の進軍と同時に、米韓軍が即時攻撃する方針である。北朝鮮のミサイル・核開発技術が向上したことで、先制攻撃を許せば韓国が大きな被害を受けるからだ。

　近年は、親北的な文在寅《ムンジェイン》政権が南北緩和を目指したことで、両国の関係はめまぐるしく変化した。２０１８年4月の板門店《パンムンジョム》宣言では、平和協定とＤＭＺの平和地帯化が検討され、9月にはその細部を定めた平壌宣言にこぎつけた。これらの宣言に従い、韓国は軍事境界線における障害物を一部撤去し、38度線上に飛行禁止区域を制定している。しかし平和協定の締結には至らず、むしろ韓国の防衛力が低下したという批判もある。

　文政権が意欲的だった融和策は、アメリカとの同盟強化を唱える尹錫悦《ユンソンニョル》大統領が誕生したことで、大きく変わるとみられる。2022年5月21日には、尹大統領とバイデン大統領が、北朝鮮への圧力強化で一致した。北朝鮮の反発は必至である。

◎対岸の火事ではない日本の立場

朝鮮半島情勢は、日本にとって他人事ではない。日韓はともにアメリカと同盟を結んだ間柄である。半島での戦闘が再開したら、自衛隊が在韓米軍の支援をすることは確実だ。また、日米の密約により、朝鮮半島有事の際には、在日米軍は日本との事前協議なしに行動できることになっている。**北朝鮮軍が日本を敵国として攻撃する可能性は、想定しなければならない。**

北朝鮮が日本を攻撃する場合、弾道ミサイルか開発中の長距離巡航ミサイルによって、自衛隊基地や在日米軍基地を爆撃するだろう。北朝鮮工作員によるインフラ攻撃やサイバーテロも念頭に置く必要がある。核兵器はよほど追い詰められない限り使用されることはないだろうが、生物化学兵器を用いたテロが行われる可能性はある。

自衛隊はミサイル防衛システムや化学兵器対応部隊などによって備えているものの、猛スピードでミサイル技術を磨く北朝鮮に対し、今後も一層の警戒が必要である。

Japan Self-Defense Force's Ability

22

新時代を見据えた中国軍の軍事戦略とは？

◎陸軍偏重からの脱却して海洋帝国へ

中国軍の総兵力は、約２０４万人に及ぶ（ミリタリーバランス２０２１）。陸軍は約97万人と、陸上兵力だけで自衛隊全体の約23万人より4倍以上多い。空軍は約２５００機の作戦機を保有し、海軍は北海艦隊、東海艦隊、南海艦隊の3艦隊制度のもと、相当数の戦闘艦を擁している。核攻撃を含むミサイル攻撃を担当するロケット軍も備える。兵力数ならアメリカの約１３５万人を上回る世界第2位だ。ちなみに1位は約３００万人規模のインドである。

かつてはこれらの軍は七つの軍区に分けられていたが、２０１６年より五つの戦区に再編された。朝鮮半島、日本、ロシア、モンゴル方面を担当する北部戦区、北京防衛と宇宙・サイバー戦担当の中部戦区、台湾と日本対策担当の東部戦区、東南アジア方面の南部戦区、インドと中央アジアを警戒する西部戦区である。

なぜ中国軍は軍区を変えたのか？　それは、**運用能力の強化と、陸軍偏重から脱却するため**である。旧軍区の司令官は、平時に陸軍以外への指揮権を持たなかったが、新たに編成された戦区では、司令官は区内の部隊を統合訓練する義務を負わされた。

さらに注目すべきは、陸軍が独占していた司令官の座に、海軍将校も就いたことである。この人事こそ、中国による戦略転換の表れである。この戦略転換に注目することで、日本にプレッシャーを与え続ける中国がどのような戦略を抱いているのか、明らかになる。

◎アメリカの影響力を排除する

かつて中国海軍は、本土沿岸部を防衛する小規模部隊だった。変化したのは、1982年に鄧小平《とうしょうへい》が**列島線戦略**を制定してからだ。これにより、九州からボルネオ島までを第一列島線、伊豆諸島からパプアニューギニアまでを第二列島線として、対米防衛線の構築と海上進出を目指すことになった。

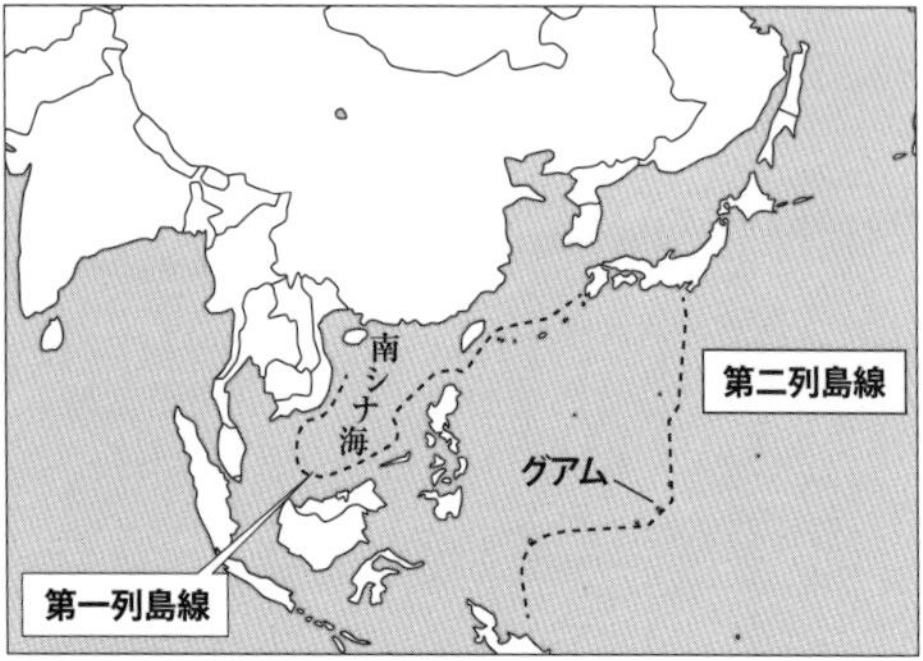

列島線の範囲。アメリカの中国海軍研究家トシ・ヨシハラ氏はハワイ諸島と西海岸を対象とする第三・第四列島線もあるとしているが、存在は確認されていない。

これを踏襲した習主席も海洋強国化を宣言し、近年は**近海・遠海防御を両立した戦略**を採っている。

中国が大洋を目指す理由は二つ。**中国の覇権国化と、アメリカの影響力の排除**だ。米中の間は太平洋という広大な海域で阻まれている。アジアへの影響力を排除されれば、アメリカは中国に接近できなくなる。尖閣諸島や南沙諸島の領有権を主張するのは、こうした戦略の一環だ。南シナ海を支配して後方基地としつつ、台湾・日本を屈服させて太平洋への入り口を開こうとしているのだ。

鄧小平が１９８７年に構想した「三歩走」という発展戦略によると、２０１０年までに第一列島線、２０２０年には第二列島線を手中に収め、建国１００周年の２０５０年までに世界一の「社会主義現代化強国」を実現するとしている。こうした計画のもと、中国海軍は空母2隻、潜水艦70隻を含めた約

390隻の戦闘艦を保有し、海軍陸戦隊約2万人を指揮下に置く大規模海軍となっている。2030年末までには、空母4～6隻からなる空母打撃群が編成される予定だ。

◎発展途上の人民解放軍

こうした海洋強化に目が向きがちだが、陸空の強化も見逃してはならない。陸軍は数十万人単位の兵員を削減した一方で、浮いた費用を質の向上のために投入している。人海戦術のみの軍隊という評価は過去の話になった。

空軍では第4・第5世代戦闘機への置き換えが進み、サイバー、宇宙、電磁波領域の強化も顕著である。そうして海上進出を重視しつつも、全方位を万遍なく強化しているのが現在の中国軍である。

しかし、新戦略に基づく中国の急激な軍拡は、すべてうまくいっているわけではない。兵器の急激な発展に人材の育成が追いついていないし、航空機の稼働率の低さも問題となっている。また、先の海洋戦略にしても、2022年の段階でも第二列島線は確保できず、計画が順調とは言い難い。油断は禁物だが、過大評価も過小評価もせずに、中国の動向を注視する必要があるだろう。

Japan
Self-Defense
Force's Ability
23

中国の南シナ海進出が日本の安全保障を脅かす？

◎多くの国が領有を主張する南沙諸島

中国と領土問題を抱えているのは、日本だけではない。**南シナ海もまた、中国の脅威に晒されている海域だ。**南シナ海には200以上の島や岩礁が浮かんでおり、北は中国南岸、西はベトナム、東はフィリピン、南はインドネシアの島々に囲まれている。この海域について、中国は歴史的に自国の主権が及ぶ範囲だと主張。九段線という境界線を一方的に設定し、この線内の領海、排他的経済水域、大陸棚など海洋権益を独占的に支配できるとして、線内の岩礁・諸島に人工島を建造しているのだ。当然ながら、こうした主張にベトナム、インドネシア、フィリピンは反発しているが、中国は聞く耳を持と

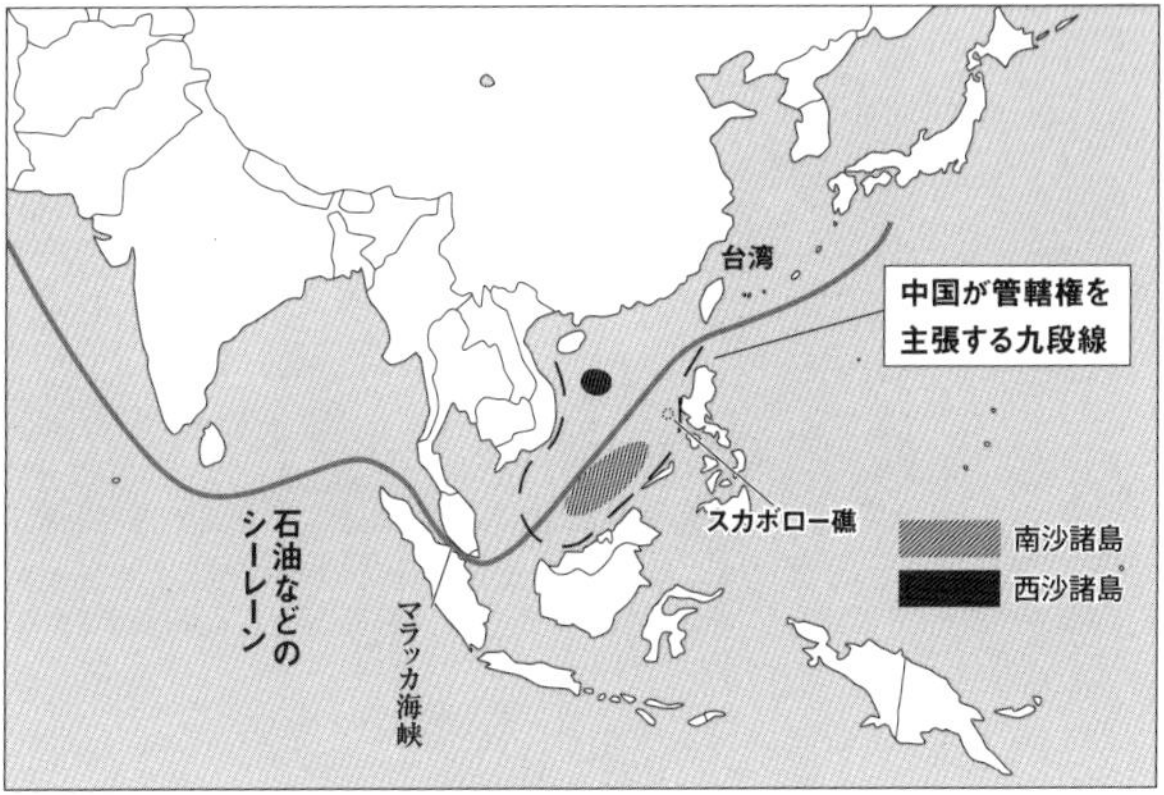

中国による軍事的脅威に晒されている南シナ海

うとしていない。

◎「キャベツ作戦」と「サラミ作戦」

中国が南シナ海に出る理由。それは**海洋資源の獲得と対米優位確立**のためだ。南シナ海は、アメリカ海軍が中東・中央アジアに移動する主要航路である。もしこの海域を封鎖されると、アメリカはアジア方面での迅速な艦隊展開が難しくなる。また、海域と接する海南島は中国原子力潜水艦の根拠地。南シナ海を確保できれば、後方を気にせず太平洋に進出できる。逆に南方が不安定なままでは、アメリカの「航行の自由」は許されたまま、中国の安全保障も脆弱となる。南シナ海の支配は、中国の安全保障

南シナ海のスビ礁（2015年）。中国が実効支配をして人工島を建造している。飛行場や灯台、軍事施設などが確認されている

と海洋進出の観点からも中止できないのである。

　この南洋支配拡大で、中国が用いた戦術が**キャベツ作戦**と**サラミ作戦**である。

　キャベツ作戦とは、武装民兵、漁船、海警局の警備船など、**軍隊以外の戦力を使った浸透作戦**のことだ。まず、目標とした島に民兵を乗せた大量の漁船を向かわせる。対象国の船舶は警備船が妨害し、海域の遠方から中国海軍の艦艇が状況を監視する。その隙に民兵が島に上陸して実効支配するというものだ。葉が折り重なるキャベツのように段階を踏むことが作戦名の由来だという。サラミ作戦は、アメリカが警戒しにくい場所から、サラミを切るように少しずつ奪うものである。

◎日本も無関係ではいられない

右の戦略では軍隊が先頭に立たないので、対象国は軍事的なアクションを起こしにくい。その間、中国はファイアリークロス礁《しょう》、ヒューズ礁、ガベン礁、クアテロン礁、ミスチーフ礁、南沙《なんさ》諸島内のジョンソンサウス礁とスビ礁を支配下に置き、2012年にはスカボロー環礁《かんしょう》をキャベツ作戦で制圧した。これらの環礁に造った人工島を根拠に、中国は周辺約22キロの領有権を主張している。オランダ・ハーグ常設仲介裁判所は違法だと判断しているが、中国はこれを無視し、軍事基地を建設して実効支配を強めている。周辺国の海軍力では中国軍に抵抗できず、なすすべがないのが現状だ。

こうした南シナ海の安全保障問題は、日本も無関係ではない。日本の領土・領海はないものの、南シナ海は中東・欧州の輸送船が日本に至るまでに通過する、**重要なシーレーン**である。中東からの石油輸入の8~9割を南方航路に頼っている日本からすれば、中国に南シナ海の海洋権益を手中に収められるのは、安全保障上の脅威である。それに、南方支配のノウハウを活かして、**尖閣諸島でもキャベツとサラミ作戦を使う可能性がある**。自衛隊の潜水艦が南シナ海で訓練を行うなど、日本も関与を深めているものの、手をこまねいていれば対岸の火事では済まされなくなるかもしれない。

Japan
Self-Defense
Force's Ability
24

中国による対米防衛戦略A2／ADに対抗できる？

◎アメリカ軍の到着を徹底阻止

海洋進出を目論む中国にとって、東アジアで存在感を示すアメリカ軍は、邪魔者でしかない。東アジアにおけるアメリカ軍の行動を制限し、将来的に追い出すにはどうすればいいか。そうした視点から構築されたと考えられるのが、**A2／AD戦略**である。戦略の根幹は、**アメリカ軍の中国到着を徹底的に阻止すること**にある。在日米軍は最新鋭の装備を持っているが、駐屯兵力は約3万5000人といわれており、自衛隊と共闘しても、約200万人を擁する中国軍が優勢である。中国とアメリカの間は1万キロ以上離れているため、アメリカ本土からの増援がくるまで、中国は時間的余裕がある。

こうした状況下において、いざアメリカ軍が中国や台湾に近づいたときには、以下のように行動すると考えられる。

中国海軍は、三段構えの防衛網でアメリカを迎え撃つと想定される。まずは中国本土から約1850キロの地点においては、対艦弾道弾と潜水艦で艦船を攻撃。約1000キロの地点まで来ればミサイル、潜水艦、航空機で迎撃する。それでもアメリカ軍が進軍し、約500キロの地点に到達すれば、水上艦隊と沿岸防衛ミサイルを主軸とする防衛戦力で殲滅する。ミサイル主軸のアウトレンジ作戦である。これと並行して、アメリカ軍基地を対地ミサイルで破壊し、アジアにおける作戦機能のマヒも狙うだろう。

「A2/AD 戦略」を支える中国ロケット軍の「DF-26」。A2/AD 戦略は、アメリカによる便宜上の呼び名。中国では使用されていない。近年はアメリカ軍も「対策が防衛的になる」とこの呼び名を禁じているため、今後は別の名称になる可能性もある（© IceUnshattered）

◎強固になりつつある中国のミサイル網

この戦略を実現すべく、中国は領土・領海

から投入可能な戦力、つまりは**航空機とミサイルの長射程化**を進めている。ロケット軍は弾道ミサイル「DF－26」を70基以上配備。射程は約4000キロと、グアム基地を攻撃可能だ。DF－26には、対艦攻撃型もある。これと射程が約1500キロを超える「DF－21D」と組み合わせて、**強固な対艦迎撃網**を構築中だ。

爆撃機搭載型の「CJ－20」空対地ミサイルは、射程約1500キロだ。海軍の「YJ－18」艦対艦ミサイルは、射程約500キロ内の目標を超音速で攻撃できる。ちなみに、アメリカ海軍の艦対艦ミサイル「ハープーン」の平均射程は約160キロと、中国軍に対応できる射程ではない。中国軍は、人工衛星・レーダーによる長距離索敵機能の整備も急いでいる。ミサイル網は今後さらに強固になるだろう。

◎開発が急がれる対中新型ミサイル

こうした中国の接近防止策に対抗するため、アメリカ軍は新型ミサイルを急ピッチで開発している。

陸軍で開発中の新型中距離ミサイル**LRHW**は、射程約2775キロ、弾速はマッハ5を超える極超《ごくちょう》音速《おんそく》兵器になる予定だ。台湾有事を想定してグアム基地に配備されるといわれる。**新型の地対艦ミサイル配備**も計画されており、海兵隊では射程２００キロの対艦ミサイル開発が進められている。

同盟を結ぶ日本も、アメリカの新型ミサイル開発と無関係ではいられない。中国を牽制するために、アメリカの海外基地に新型ミサイルは設置されるからだ。先のＬＲＨＷも、グアムだけでなく九州の基地に配備されることが検討されている。機動性を高めるために、無人車両に搭載される予定だという。自衛隊は専守防衛の観点から攻撃用ミサイルの配備には課題が多い。だが、アメリカ軍の新型ミサイル配備が決まれば、政府は攻撃用ミサイル配備の動きを加速させるかもしれない。

ただ、新型ミサイルの完成と配備開始は早くても２０２３年末。**ミサイル開発では中国に苦戦しているのが現状**だ。両国に差が出たのは、アメリカは冷戦下にソ連と結んだ中距離核戦力全廃条約（ＩＮＦ条約）によって、射程５００から５５００キロの地上ミサイルの開発・配備を自粛したからだ。中国はこの条約に縛られず、自由に射程を伸ばしてきた。ＩＮＦ条約は２０１９年に失効したので、アメリカは今後、中国の防衛戦略を崩すべく、ミサイル開発に注力していくだろう。

Japan Self-Defense Force's Ability

25

米韓同盟が破棄される可能性がある？

◎アメリカとの関係が悪化した文在寅政権時代

朝鮮戦争後、「米韓相互防衛条約」によって成立した**米韓同盟**。アメリカにとっては、米日同盟と並ぶアジア戦略の柱である。巨視的な視点でいえば、自衛隊の活動も米日・米韓同盟に基づくアメリカの戦略に沿っている。中国への牽制や北朝鮮への制裁などは、自衛隊・韓国軍との連携があってこそ機能するからだ。

アメリカとの同盟は韓国にとっても重要なはずだが、近年の両国関係は決して盤石とはいえない。２０１３年に発足した朴槿恵《パククネ》政権は米中等距離外交に乗り出し、アメリカよりも中国寄りの態度を示した。朴大統領のあとを受けた革新系の文在寅《ムンジェイン》大統領は「安米経中」を明言し、「安全保障はアメリカ、経済は中国」という、**米中間における中立の立場**をとっている。この立場に基づき、文政権は２０１６年に配備が決定し、翌年に在韓米軍での運用が始まった「終末高高度防衛ミサイル」（ＴＨＡＡＤ《サード》）の追加配備を中止。中国からの露骨な経済報復を受けた対応だった。

2018年に板門店にて握手を交わす文在寅大統領と金正恩総書記（Ⓒ Cheong wadae / Blue House）

さらに文政権は、「アメリカのミサイル防衛網には入らない」「日米韓の軍事同盟は行わない」という**「3不」**も表明。経済安保の面ではファーウェイ製品の排除は行わず、アメリカの経済安保体制にも加わっていない。

また北朝鮮に対しても、強硬策を採るアメリカとは異なり融和策を採用。南北軍事合意を行い、大規模な軍事演習の自制や軍事境界線付近の偵察飛行の中止を約束している。２０２０年９月には国連において、アメリカとの事前調整をせずに朝鮮戦争の終息に向けた南北融和を宣言。この演説は、北朝鮮の非核化を優先するアメリカの方針に反する。それに戦争の当事者であるアメリカを無視したことも意味する。もし文政権が主導して南北が統一されれば、北朝鮮寄り・中国寄りの統一朝鮮が誕生し、アメリカ軍が駐留する意味はなくなる。当然ながらアメリカは、文政権に強い不信感を抱いた。

◎尹大統領とバイデン大統領による関係改善

だがトランプ政権が倒れ、バイデン政権が成立すると流れが変わる。**中国との対立を強めるバイデン政権が、韓国との関係改善が必要だと判断したからだ。**2021年5月、バイデン大統領は文前大統領との首脳会談で、「米韓関係の重要性は朝鮮半島を大きく超える」と共同声明で明言。バイデンは北朝鮮へ対話を呼びかけるなど、文政権の北朝鮮政策に配慮した。一方で、バイデンは台湾問題においては韓国の取り込みに成功している。「共同声明で「台湾海峡の平和と安定の維持の重要

韓国にて会談した尹錫悦大統領とバイデン大統領（©韓国政府）

性を強調した」と台湾に言及し、米韓は台湾政策を一致させた。

米韓関係の回復は、２０２２年に選出された保守派の**尹錫悦《ユンソンニョル》大統領**のもとで、さらに進むと思われる。アメリカ大統領のアジア外遊は日本から始まるのが通例だったが、尹大統領は日本に先んじてバイデン来訪を成功させた。首脳会談においては「韓米同盟をグローバルな包括的戦略同盟に発展させていくという目標を共有」したと宣言。北朝鮮問題でも、北の完全な非核化を共同の目標と定めた。さらに、２０１８年から停止されていた、米韓の合同軍事演習の範囲と規模の拡大についても協議を始めることで合意している。

尹政権は、日本との関係改善にも前向きだ。文政権時代に停止した日韓軍事情報包括保護協定（ＧＳＯＭＩＡ《ジーソミア》）の正常化や、安全保障面の協力の必要性に言及している。

韓国大統領の任期は５年１期なので、弾劾を受けなければ尹政権は２０２７年まで継続する。その間に、米韓同盟が強化されれば、かつてのように多国間における軍事演習において、日韓が連携する日もくるかもしれない。

Japan Self-Defense Force's Ability
26

AUKUS（米英豪同盟）は対中包囲網の中核となるか？

◎中国の脅威に対抗するオーストラリア

中国の急進的な世界進出に、警戒を強める国は少なくない。オーストラリアもその一国である。2021年9月には、アメリカ、イギリスとの間で新たな軍事同盟を締結している。それがAUKUS《オーカス》（米英豪同盟）だ。

オーカスは、**オーストラリアの軍備強化**に重点を置いた安全保障体制である。**主な柱は、潜水艦戦力の大規模強化**だ。米英による巡航ミサイルの供与、アメリカ製潜水艦のリースなどが取り決められた。将来的には、アメリカが技術を提供して全8隻の原子力潜水艦を建造する予定だ。この他、兵器生産や技術の国家間協力、サイバーやAIなど最先端テクノロジーの共同開発・研究も対象だ。複数のメディアは、アメリカが日本にも非公式に参加を打診したと報じた（日米政府は報道を否定）。日本の技術力をとりこむことが目的だったのではと推測されている。特定の国を名指ししていないものの、この同盟が中国の海洋進出への牽制《けんせい》であることは明らかだ。

2021年9月、オーカス創設を受けてオンラインで共同会見を行う米英豪首脳（出典：在豪アメリカ大使館HP）

◎良好な関係が険悪になった理由

オーカスにより中国への対立姿勢を鮮明にしたオーストラリアだが、２０１０年代までの豪中関係は極めて良好だった。豪中パートナーシップと自由貿易協定（ＦＴＡ）を締結して中国の投資を呼び込んでいたし、２０１５年には「アジアインフラ投資銀行」（ＡＩＩＢ）に参加して30億豪ドルを出資していた。

だがその裏で、中国によるオーストラリア企業の買収が横行し、国民は不信感を抱き始める。

２０１６年には中国不動産デベロッパーである玉湖集団から労働党など3党が政治献金を受け取ったことが発覚し、豪世論は激しく反発。さらに、中国人留学生の増加に伴い、大学にも中国の影響が増すのではと懸念する声も出た。

そうした最中の２０１５年10月、オーストラリア政府に衝撃が走った。中国企業が地方政府と、**ダーウィン港の99年間リース権**の契約を結んだのである。

ダーウィン港は、アメリカ軍も利用する軍港だ。その運用権を中国企業に委ねることは、オーストラリアの安全保障上、極めて危険である。

２０２０年からは、中国はオーストラリアに露骨な態度をとるようになる。11月17日、モリソン首相が日本との安全保障協力強化に同意すると、中国は14箇条の不満リストを公表。オーストラリアに圧力をかけると、オーストラリア産の石炭輸入量をあからさまに減少させた。さらには新型コロナウイルス発生源の独自調査を拒否してオーストラリアを非難するなど、両国の関係は悪化の一途をたどっている。

ローウィー研究所が２０２１年度に行なった意識調査によると、中国を信頼する国民は回答者全体のうち16％。２０１８年度調査の52％から大きく下落している。

オーストラリアは米英と同盟を結び、原潜を配備することで、中国に対抗しようとしている。アメリカにとっても、オーストラリアの軍拡はインド太平洋方面での対中圧力の強化にもつながる。そうした思惑の下で、オーカスが誕生した。

◎懸念される新政権の中国回帰

オーカスの成否は、オーストラリアが中国に強気の姿勢を示し続けられるかにかかっている。イギリスのヘンリージャクソン財団の調査によると、オーストラリアが対中貿易に依存している品目は595品。うち3割が化学物質などの重要物資だ。オーカスのなかでも、最も中国への経済依存が強い。2015年にはビクトリア州が独断で一帯一路への協力に同意するなど、地方政府は中国との経済的つながりを重視している（2021年4月に同意破棄）。2021年からダーウィン港の租借権見直しに動いているが、今後予想される中国の対豪制裁に果たして耐えられるのか。

2022年5月には、総選挙において対中派のスコット・モリソン首相が敗れ、かつて親中路線を進めた労働党が政権をとった。労働党政権はいまのところ対中路線を継承しているものの、経済的な不満が国民の間で広がれば、方向転換をする可能性もある。オーカスが対中包囲網の中核になれるかは、**オーストラリアが対中依存をいかに下げるかにかかっている。**

Japan
Self-Defense
Force's Ability
27

日米豪印によるQUADは中国牽制の役に立つ？

◎日米豪印の４カ国における戦略的枠組み

アジア太平洋地域における中国の海洋進出を念頭に、自衛隊は友好国との連携を強化している。アメリカ軍とはたびたび共同訓練を行ってきたが、近年は特に、オーストラリアとインドとの関係強化に注力している。その一環として結ばれたのが、**日米豪印戦略対話（QUAD《クアッド》）**である。

クアッドは、安全保障面の連携と経済発展を目指した枠組みだ。参加国は、アメリカ、オーストラリア、インド、日本の４カ国。「自由で開かれたインド太平洋」の実現を目指すべく、安全保障から人道支援、災害対策などさまざまな面で協力する。２０２２年

5月に東京で開かれた4カ国首脳会合では、新型コロナウイルスの蔓延と気候変動への対処を協力することを確認。インフラ開発、宇宙、サイバー領域での多国間協力も確認している。

オーストラリアが参加する点では米英豪が結ぶＡＵＫＵＳ《オーカス》と似ているが、目的は異なる。オーカスがインド太平洋の安全保障強化に重点を置くのに対し、**クアッドは軍事に偏るのではなく、外交と経済協力に重点を置いた、政治経済面に及ぶ包括的体制**である。

◎日本が主導したクアッド

実は、クアッド構築は日本の提案がきっかけだったとされている。２００６年、安倍晋三首相が米豪印に戦略対話を働きかけ、２００４年のスマトラ島沖地震で国際社会の支援を主導した４カ国が中心となって、太平洋全域への支援

2022 年 5 月 22 日に東京に集まったクアッド首脳たち。左からアルバニージー豪首相、バイデン米大統領、岸田文雄首相、モディ印首相（出典：首相官邸 HP）

ネットワークを構築することを訴えたのだ。

日本とアメリカだけでなく、オーストラリアとインドにとっても、中国の台頭は脅威だ。オーストラリアは中国と経済的な結びつきが強いため、親中派が多かったが、中国が政官財にも影響力を強めたことで、危機感が広がっていた。またインドも、中国は貿易相手として重要ではあるものの、国境でたびたび中国軍と紛争が起きていることから、中国への警戒感は非常に強い。

２００７年5月に事務レベルで4カ国会合が実施されたのを皮切りに協議が重ねられ、２０１９年にはニューヨークにて外相の会合が、２０２１年には初の首脳会合が実施された。この首脳会合で、２０２１年以後は毎年首脳・外相会談を行うことが合意された。

◎参加国の事情は複雑

共同声明において、クアッドは経済対策に重きを置き、中国を名指しで批判することもなかった。だが、クアッドの包括的展開を目指すアメリカは、安全保障面での連携強化も目指している。そもそも、安倍首相が唱えた人道支援の協力に携わるのは、各国の軍隊だ。はじめから安全保障面での重要性も、4カ国間では認識されていたはずである。実際、4カ国間の安全保障体制を整えるべく、2015年には米印の合同演習（マラバール演習）に日本が参加することが表明され、2020年には海洋演習にオーストラリア軍が参加することも決定している。

クアッド首脳会合においても、海洋の安全保障の確認だけでなく、防衛面での協力も取り上げられた。合意を得たのは、衛星情報の共有や他国への情報提供など、宇宙方面である。アメリカの友好国間での軍事情報の共有は、今後さらに進むだろう。アメリカはオーカスとの相互補完を計画しているため、安全保障面での協力関係は、さらに進展する可能性がある。

現状では、クアッドは軍事色を強くするよりも、**経済・外交上の協力関係を強化**することで結束を図っている。中国と陸続きのインドが、中印間の警戒感が高まるのを懸念しているからだ。中国は王毅外相が太平洋のソロモン諸島を歴訪するなど、クアッドへの牽制に余念がない。そうした圧力に対抗するには、4カ国の連携が今後も重要になってくるはずだ。

Japan
Self-Defense
Force's Ability
28

中国の巨大な経済圏一帯一路の軍事的側面とは？

◎一帯一路の参加国

一帯一路《いったいいちろ》は、中国を中心とした巨大経済圏構想だ。2014年のアジア太平洋経済協力（APEC）会合にて、習近平国家主席が提唱した。ユーラシア大陸からアフリカ大陸にかけたエリアを重点地域とし、インフラ整備、貿易、人材・資金の往来促進によって、経済の一体化、文化・政治の相互理解を達成する。これにより、新国際関係の構築を目指すという構想である。すでに中露を含む約60カ国が参加し、EUも支持を表明している。海洋ルートでの経済ベルト構築にも意欲的だ。そのためにアジアインフラ投資銀行（AIIB）とシルクロード基金を立ち上げ、対外投資に利用している。

この構想を中国は「現代のシルクロード」と宣伝しているが、日米をはじめ警戒する国は少なくない。ＡＩＩＢの運用上の不透明さやインフラ整備への過剰融資が、中小国を債務漬けにすると批判されているのだ。実際、２０１７年7月には、スリランカがインフラ整備の借入金を返済できず、ハンバントタ港の運営権を99年間譲渡させている。さらにモンゴルやラオスなどの数カ国も中国債務を抱えているといわれ、アメリカは「債務の罠」と呼び警戒を促している。

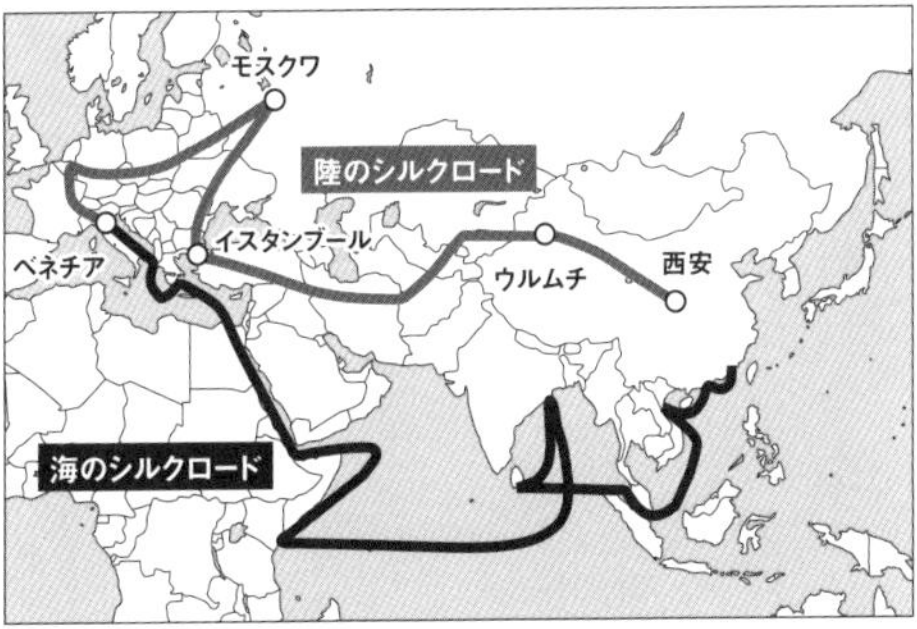

中国が公表した一帯一路構想

◎「真珠の首飾り構想」による軍の海外展開

また軍事的にみても、一帯一路は危険である。**人民解放軍が世界展開の足場をつくるという側面もあるからだ。**

それがわかるのが、２０１５年12月、中国国防大学で行われた内部会議である。この場において、一帯一路に基づく軍の海外展開が検討されたという。議事録によると、**企業に商用利用の名目で港湾施設を獲得させて海軍拠点としつつ、インド洋方面に軍を展開する案が議論されている**のだ。

この計画が単なる議論でないことは、中国の海洋展開を思い出せばよくわかる。一帯一路の一環として、中国は香港から南シナ海、マラッカ海峡、インド洋、ペルシャ湾からジブチに繋がる海上ラインを整備している。中国は海上交通路の安定化を図る目的を、中央アジア各国とのアクセス・外交関係の強化と主張する。しかしこの構想は明らかに、国防大学の進出案と酷似している。

海上交通の安定化には、海域の治安維持が必要不可欠だ。だがインドネシアから中東にかけては、情勢が不安定な国々が多い。そこで、その役割を中国海軍が担おうというわけだ。それに中国は、**資源の確保**も念頭に置いているとみられる。軍の進出で中東資源国への影響力が増大すれば、エネルギー確保が安定化して、軍事経済両面の発展が期待できるからだ。

◎海上治安維持と国際協力の名目で海外活動を強化

２０１７年4月には、一帯一路の参加国20カ国を中国海軍が訪問。中国艦隊の拡大力をアピールしている。また海軍陸戦隊を2万人から10万人に拡大し、アフリカやパキスタンに派遣する計画を立てている。すでにジブチには支援施設の名目で軍事基地を建てているが、パキスタン、バングラデシュ、ミャンマーなどでの港湾獲得にも意欲的なようだ。スリランカは湾の軍事利用を禁じているが、主導権が中国にある以上、いつ方針転換してもおかしくはない。

いずれにしても、中国海軍が海上治安維持と国際協力の名目で、海外活動を活発化しているのは事実だ。租借地が拠点となる可能性も十分にある。そうなれば、**中東・中央アジアの海域からアメリカは弾き出され、インドも海洋を包囲される形となる**だろう。

ただ、債務の罠が意図的だったかは意見が分かれている。融資先の杜撰な計画で、結果的に引き起こされたという分析もある。中国当局は債務免除や審査の厳格化でイメージ改善を狙っているが、いまのところ目論見が成功しているとは言い難い。新型コロナによる流通停滞も、課題の一つである。２０２２年にはロシアとウクライナという一帯一路の参加国同士の軍事衝突も起き、投資は減少している。中国が軌道修正をしている間に、日本は対処が急務である。

中国中心の安全保障協力構想 上海協力機構とは？

Japan Self-Defense Force's Ability

29

◎加盟人口30億人、GDPは世界の2割

中国は米国一極支配を崩すべく、中国中心の勢力圏構築を2000年代より進めている。**上海協力機構（SCO）**も、そうした勢力圏の一つだ。

SCOは冷戦終結直後に起源を持つ。ソ連崩壊にともない不安定化した中央アジアの安全保障環境について話し合うべく、旧共産圏各国が上海に集った。このとき集結した中国、ロシア、キルギス、カザフスタン、タジキスタンの「上海ファイブ」に、ウズベキスタンが加わり2001年に発足したのが、SCOである。

2022年5月時点で、設立時の国々に加えてインド、パキスタンが加盟している。

２０２１年に正式加盟が決定したイランを加えると、現状では９カ国で構成される（イランは加盟手続き中で仮加盟の段階）。アフガニスタン、モンゴル、ベラルーシがオブザーバーとして参加し、東・中央アジア６カ国が対話パートナーとなっている（加えて３カ国が対話パートナーに参加予定）。正式加盟国こそ少ないが、範囲はユーラシア大陸の大半を占め、加盟人口は約30億人、国内総生産（ＧＤＰ）の合計は世界の２割に達する、巨大勢力圏である。

2017 年における上海協力機構参加国の首脳たち。この８カ国にイランが加わる予定（Ⓒロシア連邦）

地政学的にも、ＳＣＯは無視できない影響を持つ。太平洋方面から中東までの広範囲に勢力図が広がるだけでなく、イランが機構入りしたことで、ペルシャ湾岸への影響力も高まった。

◎上海精神を基礎とした対欧米姿勢

中国の勢力圏といえば一帯一路が有名だが、経済協力圏である一帯一路と違い、ＳＣＯの主

目的は、安全保障分野の多国間協力だ。相互信頼と相互利益、共通発展、平等、多様性尊重を原則とする「上海精神」を礎とし、テロ、過激主義、分離独立派への共同対応を通じて、地域の平和を安定させることを目指している。機構の意思決定は加盟国の全会一致で行われるので、中小国の意見も取り入れられやすい。

対テロ対策は、指揮下の地域対テロ機構が担当する。SCOの発表によると、設立以降1000件以上のテロを鎮圧したという。2005年の中露軍事演習を皮切りに、テロ対策を名目とした合同演習も実施している。2019年にはイランも交えた中露の海上演習が行われるなど、活動は年々活発化している。

こうした軍事面での協力体制から、設立初期は欧米から「東のNATO」と呼ばれることもあった。アメリカへの敵対姿勢も指摘されている。2011年の創設10周年サミットでは、NATOのミサイル防衛計画とリビア空爆への批判が行われている。その傍らでは中露の関係強化が賞賛されるなど、欧米への対抗姿勢とも取れる言動が目立った。

◎軍事力で対抗しない「緩やかな協力圏」

ただし、**ＳＣＯは軍事同盟でもなければ、集団安全保障機構でもない**。安全保障上での協力関係は結んでいるが、非同盟の協力機構である。加盟国間での内政干渉も行わず、活動を第三国に広げることも禁じられており、「緩やかな協力圏」という建前は崩していない。ＳＣＯが北大西洋条約機構（ＮＡＴＯ）に軍事力で対抗することはないと考えられる。

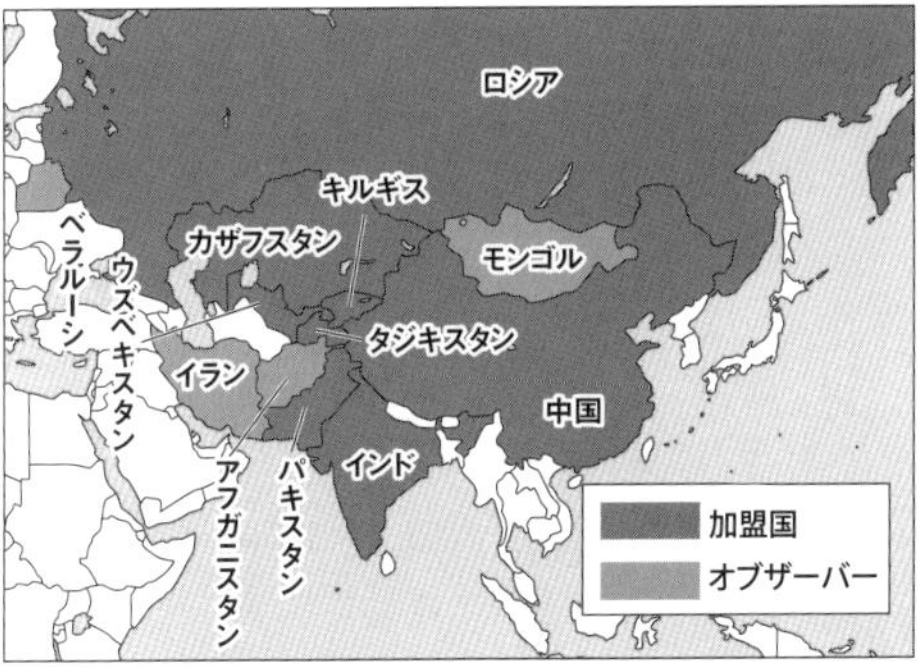

上海協力機構の加盟国（2022 年 6 月現在）

　では、ＳＣＯが今後正式な軍事同盟圏に発展することはあるのだろうか？　現時点での可能性は非常に低い。設立当初はロシアが軍事同盟化を望んだというが、経済を重視する中国の反対で破綻したとされている。

　しかし、ＳＣＯが中国の経済発展を背景に、急速拡大していることは事実だ。ロシアの弱体化で内部の勢力図は変化するかもしれないが、アジアの大勢力圏としての地位は健在。ＳＣＯの拡大と動向には、今後も注目していくべきだろう。

ロシアのハイブリッド戦争に対応することはできるのか？

Japan Self-Defense Force's Ability 30

◎ロシア軍が世界第2位と称される理由

ソ連は、陸軍だけで300万人超の兵力を保持していた。しかしソ連崩壊後は経済難で兵力が大幅に削減され、2022年の総兵力は約90万人。うち3割は徴兵である。軍事費は7〜8兆円程度と、世界の軍事費の3％ほどの水準だ。

それでもロシアの軍事力を評価する意見もある。グローバル・ファイヤーパワーが発表した「2022年軍事力ランキング」によれば、**ロシアの軍事力はアメリカに次ぐ世界2位**。その理由は、軍隊の規模と戦術にある。

ロシアは約200万の予備役を備えており、通常兵力との総計は中国軍（約204万人）を上回る。戦車・装甲車両の総数は約２万６０００輌《りょう》、戦闘機と攻撃機は約１３００機である。大半はソ連時代の旧式だが、約６２０機の第４・第５世代戦闘機や、第３世代以降の戦車約３０００輌を保有するなど、軍事力の強化に余念がない。

なによりも、ロシアは約４３００発もの戦略・戦術核を保有する、核保有国である。また、シリアへの海外派遣などを通じた実戦経験が豊富で、電子戦、宇宙、電磁波領域などの新戦域への進出も活発だ。こうした実情から、軍事力が高く評価された。

ソ連時代に開発されたロシアの「T-80 戦車」。ロシアの主力戦車の一つ（©ロシア国防省）

◎BTGとハイブリッド戦争

ロシア軍は、規模に応じた独自の戦略を採用している。有名なのは、**大隊戦術群**（BTG）だ。ロシア陸軍の主要編成で、第二次チェチェン紛争後に対テロ用即応部隊として組織された。自動車化部隊を先頭に戦車隊と砲兵隊、電子戦隊と工兵、医療兵を組み合わせて高い自己完結性を実現。１０００人規模の高度なコンパクト化により、機動性も向上したとされている。

そして近年注目を集めているのが、**ハイブリッド戦争**である。軍隊同士が戦う正面戦闘とは異なり、**サイバー攻撃やＳＮＳなどを通じた情報操作**など、複数分野を組み合わせた総合戦略だ。概念は90年代からあり、中国も政治や世論を巻き込む**三戦**の構築を進めているが、ロシアが注目されたのは、それを高いレベルで実践したからだ。

２０１４年のクリミア半島併合をめぐるウクライナとの対立において、ロシア軍は特殊部隊を半島内に派遣した。２月27日のことである。同時に、テレビやＳＮＳを通じて情報戦を展開。扇動された親露派住民は、ロシアへの併合を求める運動を展開した。これを受け、ロシアが住民投票を主導すると、３月16日にクリミア併合が決まった。ロシア軍は激しい戦闘を避けながら、目標の中立化に成功したのである。

その後の戦闘でも、ロシア軍はハイブリッド戦争を駆使した。４月６日から始まったドンバス地方での戦いでも、開戦直後にウクライナの通信システムがダウン。ロシア軍による電磁妨害が原因だとされる。ミサイルコントロールへの電波妨害もみられた他、ネット上にはニセ情報が流された。２０１５年末にはウクライナ国内の変電所30カ所がダウンし、20万人以上が停電被害を受けた。２０１７年６月27日には国内コンピュータの3割がハッキングされ、政府、金融、インフラが麻痺している。

◎日本は友好国と協力して情報戦に対抗

では、ロシアに付け入る隙がないかといえば、そんなことはない。2022年2月24日に始まったウクライナ侵攻では、ロシアは苦戦続きである。苦戦の理由は、**ロシアがウクライナに情報戦で敗北した**ためだと考えられる。

アメリカ政府によれば、ロシアは遅くとも2021年秋からウクライナへの情報工作を始めていた。クリミア併合のときと同じく、ハイブリッド戦争をしかけていたのだ。だがクリミア併合後、欧米諸国はロシアの情報戦に備えて、ウクライナをサイバー面で支援。軍事顧問の派遣や情報提供などを通じて、協力体制を築いた。その結果、ハイブリッド戦を前提に短期間の作戦を想定していたロシアの企ては、失敗したとみられる。

ロシアが情報戦に敗れ、その後の近代戦でも苦戦したのは、情報戦を担う人材や近代兵器の不足なども影響している可能性がある。いずれも、すぐに対応できる問題ではないため、自衛隊は急いで対策すべきだろう。**友好国との情報共有や技術支援を通じて、平時からハイブリッド戦争に備えることが**、今後は重要になってくる。

ロシアが北方領土を返還しない軍事的な理由とは？

Japan Self-Defense Force's Ability 31

◎極東ロシア軍の最前線基地

ロシア（ソ連）が北方領土を実効支配してから、すでに70年以上が経過している。ソ連崩壊直後に返還の機運が高まったが、結局交渉は決裂。近年も第2次安倍晋三政権のもと返還交渉が行われたが、実を結ぶことはなかった。

今後も日本政府は交渉を続けるが、おそらくロシアは返還には応じないだろう。なぜなら北方領土は、極東ロシア軍の最前線基地であり、ロシアの軍事戦略上、極めて重要だからである。

北方領土と面するオホーツク海は、極東の不凍港**ペトロパブロフスク**と繋がっている。ペトロパブロフスクは、ＩＣＢＭ（大陸間弾道ミサイル）を発射できる**原子力潜水艦の根拠地**である。ロシアはこの潜水艦に、アメリカ本土を射程に入れた核ミサイルを搭載している。つまり、ロシアにとって重要な抑止力だ。オホーツク海から一番近い在日米軍基地は三沢基地だが、距離は１５００キロメートル以上離れているため、アメリカ軍機の妨害を受けにくい。そのためロシアは、**オホーツク海を戦略ミサイル原潜の聖域にし、対米・対日核抑止力を強化している**のだ。

　ロシアからすれば、北方領土はこの聖域の蓋として機能している。日本に四島を返還すると、アメリカ艦隊の北方侵入が容易となり、原潜の自由度が低下するだろう。北方四島に米軍基地やレーダー施設・ソナーが設置されたりすれば、ロシアの核抑止力は極めて低下する。２０１６年11月の日露交渉において、ロシアのパトルシェフ国家安全保障会議書記はロシア撤退後のアメリカ駐留の可能性を日本に質問したとされるが、それも抑止

2016 年にロシアのウラジオストクにおいて会談した安倍晋三首相とプーチン大統領（出典：首相官邸 HP）

力低下への懸念からだろう。北方領土やオホーツク海にアメリカ軍が介入するおそれがある以上、ロシアは四島を手放せないのである。

◎軍備だけでなく生活インフラも整備

北方領土の要塞化は、ソ連時代から進められていた。ソ連崩壊後の財政難で兵力不足が深刻化していたが、経済力が向上した2000年代後半以降は、再び戦力が増強されている。現在の北方領土はロシア軍東部軍管区の第18機関銃砲兵師団が展開し、択捉島にはその司令部が置かれている。また海軍も択捉島に射程約300キロメートルのバスチョン地対艦ミサイル、国後島に射程約130キロメートルのバール地対艦ミサイル部隊を配備しており、空軍も最新鋭戦闘機Su‐35を主力とする戦闘機部隊を展開中である。

2020年にはロシア国防省が、弾道ミサイルも迎撃可能な「S‐300V4」防空システムの配備を発表。**北方領土の防衛はより強固となっている**。2022年からはウクライナ方面へ一部部隊が移動したようだが、ミサイル網はいまだ健在だ。

こうした装備の更新だけでなく、それらを支えるインフラ設備の整備にもロシアは積極的だ。軍事関連はもちろん、民間企業を通じた港湾、道路、空港の整備も進められている。開発が順調ではない地区もあるようだが、択捉島ではギドロストロイ社出資で水産工場建設まで進み、他島への進出にも意欲的だ。現在では四島合計で約1万7000人のロシア人が居住し、シベリアや中央アジアなどの出稼ぎ労働者も多い。

◎実現が困難な領土返還

北方の要塞化は日本にとって安全保障上の脅威だが、日露間の返還交渉は難航している。というより、ロシアの態度は以前にもまして強硬化した。2016年に交わされた北方領土の共同経済活動は白紙化され、2020年には領土割譲の禁止が憲法に定められた。さらに、ウクライナ侵攻に対する経済制裁への対応として、2022年3月に日露交渉の停止を発表している。残念ながら、日本はチャンスがくるのを待つより他に手はない。

北朝鮮が核ミサイルを開発できるのはなぜ？

Japan
Self-Defense
Force's Ability
32

◎北朝鮮の崩壊を望まない中国

北朝鮮は、慢性的な貧困に悩まされている。ソ連崩壊により東側陣営の援助が停止して経済は低迷。核開発を本格化させた90年代以降は世界中から経済制裁を科され、実質ＧＤＰ（２０２０年度）は２１３カ国中１２６位にまで落ち込んだ。エネルギー不足や食糧不足も深刻化している。

こんな経済事情では、北朝鮮の崩壊は遠くないだろう。そんなふうに囁かれてきたが、２０２２年現在も北朝鮮は体制を維持して、核による恫喝行為を続けている。いったいなぜか？　最大の理由は、**中国が北朝鮮の崩壊を望んでいない**ことにある。

中国は核開発の6カ国協議では北朝鮮への非難に消極的で、対北朝鮮との貿易も継続している。中国との貿易は全体の9割を占めており、日本や欧米諸国はこれを経済制裁の抜け穴になっていると非難している。

2019年6月30日に板門店で会談した金正恩総書記とトランプ大統領

中国が北朝鮮の後ろ盾になるのは、一つには地政学上の理由からである。中国にとって、**北朝鮮は韓国の間に位置する緩衝地帯**だ。韓国はアメリカと同盟を結び軍隊を駐留させている、中国の潜在的脅威である。朝鮮半島が韓国主導で統一されれば、中国はアメリカ陣営と地続きになる。そうなれば、中国は国境付近の防衛力を強化する必要が生じてしまい、安全保障上の危険度が増す。在韓米軍の基地が旧北朝鮮地域に置かれでもすれば、中国本土がアメリカ軍の手の届く範囲に入ってしまう。

内政上の問題も無視できない。北朝鮮が崩壊すれば、国境を接する中国には大量の難民が押

2019年6月30日に板門店で顔を合わせた米韓朝の首脳たち。2022年に韓国で尹錫悦政権が誕生すると、文在寅前政権が進めた南北融和策を見直し、日米韓の安全保障強化に舵を切り替えた

し寄せるだろう。そうなれば、中国の経済と治安は不安定化する。そうしたリスクを避けるべく、中国は北朝鮮への支援を続けるのである。

◎統一による格差問題を避けたい韓国

実は韓国にも、中国と同様の懸念から北朝鮮との統合に消極的な意見がある。韓国政府は半島統一を国是にしているが、2021年のソウル大学統一研究院による世論調査によると、北朝鮮に無関心な回答者は61%と過半数を占める。また、半島統一派も優勢ではなく、56・5%は、独立を維持した平和共存が必要だと答えた。韓国の実質GDPは世界第10位と、北朝鮮とは大きな**経済格差**がある。そうした状態で統一すれば、2000万人以上の貧困層が一気に増えることになる。旧北朝鮮国民の生活是正やインフラ整備に多大な時間と資金が必要となり、大幅な景気後退は免れないだろう。東西ドイツが統一したときにも同じような問題が起きている。

アメリカシンクタンクの予想によると、平和的統一によりかかる費用は、統一後30年間の総額で約6700億ドルだ。武力統一の場合、復興予算も合わさり約2兆1400億ドルにまで跳ね上がる。これは、2022年度における韓国の国家予算（約5184億ドル）のおよそ4倍にもなる。経済面から考えれば、韓国が統一に及び腰になるのも無理はない。

Japan Self-Defense Force's Ability 33

中国軍が日本に侵攻する可能性はある？

◎中国が日本を侵略する可能性

中国による海洋進出の勢いが、とどまるところを知らない。南シナ海における軍事要塞建設や台湾への圧力など、中国は勢力圏とみなした海域で、不穏な行動を続けている。そうした現状認識から、尖閣諸島の領有権問題で揉める日本もいつか侵略されるのではと、危機感を抱く人もいるだろう。事実、108〜111ページなどで紹介したとおり、中国は勢力圏から親米勢力を排除する計画を立てている。また、台湾侵攻が現実化した場合、周辺の日本領も占領されるのではという危惧もある。実際のところ、中国が日本を攻める可能性はあるのだろうか？

2020年4月22日に行われた、「075」型強襲揚陸艦の2番艦の進水式。翌年12月から就役した（出典：人民解放軍HP）

◎日本本土が侵攻されることはない

まず、**日本本土が直接侵攻されることはない。**中国領だと主張している台湾・尖閣と違って、日本本土に中国軍が攻め込む大義名分がない。無理に大義名分を考え出したとしても、国際社会からの反発は必至だ。一帯一路の参加国などには中国寄りの国は少なくないが、中国が国際ルールをあからさまに破れば、表立って味方する国は少ないだろう。

それにもし、中国が国際社会の声を無視して侵攻を強行しても、**日本本土の制圧は不可能**だ。中国の揚陸《ようりく》能力は最大で約2万4000人。最新型の「075」型強襲揚陸艦も2隻のみで、3隻目は就役前の段階である。日本に潜む中国人スパイが工作活動を始めたとしても、本土を制圧するには圧倒的にマンパワーが足りない。

そもそも、日本本土を攻撃すれば、日米安保に基づき在日米軍が中国軍と対峙することになる。中国側にそこまでして得られるメリットは何もない。そのため、日本本土侵攻のために中国軍がミサイルで自衛隊基地や政府機能を攻撃する事態も、現実的には起こり得ないだろう。

◎中国が尖閣や台湾に侵攻する可能性はある？

では、台湾と尖閣への侵攻はどうか？

まず、台湾侵攻が数年内に起こることは、ないと考えられる。先の日本本土への侵攻の可能性でも触れた、揚陸能力が不足しているからだ。揚陸能力の

尖閣諸島最大の島・魚釣島（出典：内閣官房ウェブサイト）

向上が達成される２０３０年まで、台湾侵攻はないと考えられている。２０２２年5月、アメリカ議会の公聴会においても、ベリア国防情報局長は「台湾侵攻の可能性は低い」

と明言している。

しかし**尖閣諸島での日中衝突**となれば、話は変わってくる。諸島最大の魚釣島でも面積は約3・64平方キロ程度で、**現在の中国の揚陸力でも、十分に上陸可能**だ。民間人に扮した特殊部隊を遭難という名目で送り込めば、制圧はより簡単になるだろう。

また、特殊部隊の投入に前後して、中国側は武装した民間船舶や公船を尖閣周辺に侵入させ、日本側の接近を阻止するはずだ。相手が中国軍でなければ、自衛隊は出動する名目がない。だが、警察権を行使することが仕事である海上保安庁には、武装した工作船・公船の排除は不可能だ。

中国による尖閣諸島侵攻は、偶発的にも起こり得るし、中国が意図して実行する可能性もある。衝突がいつ起きてもおかしくない。近年、日本が安全保障をめぐる制度を整備しているのも、こうした危機への対応を想定してのことである。

ロシア軍が日本に侵攻する可能性はある？

Japan Self-Defense Force's Ability 34

◎念入りな飽和攻撃とサイバー攻撃ののちに上陸

２０２２年２月24日のウクライナ侵攻以降、**極東ロシア軍が活発化**している。３月25日には北方領土で軍事演習を強行し、５月６日には日本海で対潜ミサイルの発射演習を実施。４月１日に野党・公正《こうせい》ロシアのセルゲイ・ミロノフ党首が「北海道の権利はロシアにある」と発言したことも、波紋を呼んだ。こうした日本周辺におけるロシアの行動から、日本本土への直接侵攻を危惧する意見も出始めている。

極東ロシア軍の兵力は約８万人。ウラジオストクの太平洋艦隊には、８隻の揚陸艦を擁する第１００揚陸艦旅団がある。北極方面の北方艦隊第１２１揚陸艦旅団（８隻）

の協力も期待できる。元陸上自衛隊陸将・山下裕貴氏らは、**極東ロシア軍が北海道に攻め込めば、自衛隊施設や主要都市へのミサイル攻撃から始める**と予想する（週刊現代2022年4月30日・5月7日号「防衛省が覚悟する「北海道決戦」シナリオ」）。敵の航空兵力を残存させたウクライナの教訓から、ミサイルの一斉発射のような念入りな攻撃が行われるはずだ。そしてサイバー攻撃で日本のインフラを麻痺させてから、北方領土、根室方面から同時に上陸してくるだろう。

公正ロシアのセルゲイ・ミロノフ党首。公正ロシアは野党だが、実態は政権に従順な「政権内野党」だといわれる（出典：ロシア下院 HP）

◎能力不足が否めない極東ロシア軍

とはいえ、**ロシア軍が日本本土への「大規模侵攻」を実施する可能性は、極めて低い。**

第一に、ロシア軍の上陸能力は高くない。ロシアは極東に16隻の揚陸艦を保持しているが、大半がロプーチャ級・アリゲーター級などの小型艦だ。北方艦隊には兵員300人、あるいは

北海道の防衛を担う北部方面隊の「90式戦車」。2021年11月29日～12月17日の間に北海道で行われた、戦車射撃競技会の一場面（出典：北部方面隊HP）

主力戦車13輌を揚陸可能なイワン・グレン級大型揚陸艦も配備されたが、それも2隻しかない。民間船を徴用しても一度に上陸可能な兵員は約1万人とされている。北海道全土を占領するにはあまりにも少ない。

　さらには海上補給路を維持する航空機や艦艇も整備不良が目立つし、海上兵站のノウハウもない。仮に上陸が成功しても、補給不足で即座に進軍停滞ということもあり得る。それ以前に、大規模侵攻の予兆を見せれば空自・海自も北方近海に出動するだろう。作戦を強行しても、**海軍力が乏しい極東ロシア軍が自衛艦隊を突破するのは困難**だ。

　また北海道は、**在日米軍の三沢《みさわ》基地**と目と鼻の先だ。在日米軍の存在は、ロシアに大きな圧力を与える。現状のロシア軍にこれらの解決は難しいため、現環境下における北海道侵攻は、まずないと考えていい。

◎テロやゲリラによる小規模攻撃の危惧

しかし、小規模部隊による侵攻となれば、話は違ってくる。北方領土から北海道の間は約25キロ、樺太からも約50キロしかない。小型船で特殊部隊を送ることは十分可能で、そこから国内でテロ・ゲリラ活動を展開することは十分にある。

いまのところ、ロシアが日本に侵攻する大義名分はないし、侵攻したとしても北海道占領のメリットがあるとは考えにくい。だが、自衛隊が尖閣諸島や台湾などで中国軍と対峙する事態が起これば、ロシアがこれに乗じて限定的な軍事行動に出る可能性はある。２０１１年に東日本大震災が起きた際には、ロシアは戦闘機と偵察機を日本海に送って、日本の防衛力を試している。**日本が有事に陥れば、軍事的威圧だけでなく、北海道でのゲリラ行為を通じて、日本にゆさぶりをかけるかもしれない**。日本は油断せずに防衛力を向上させ、毅然とした態度で対処することが必要不可欠である。

Japan Self-Defense Force's Ability
35

台湾有事で自衛隊はどのように動く？

◎中国の悲願である台湾統一

台湾統一を目論む中国は、１９５４年から１９９６年までに、武力行使や軍事的威嚇を三度試みている。いずれも失敗しているものの、台湾の独立に対する軍事行動を想定した「反国家分裂法」を定めるなど、中国は台湾統一の意志を捨てていない。習近平国家主席も台湾統一に意欲的で、経済的・政治的圧力を台湾にかけ続けている。**中国建国１００周年を迎える２０４９年までに台湾統一へと動く**という見方もあり、四度目の台湾進攻は現実的な危機として警戒されている。

どのような手段をもって、中国は台湾を征服しようとするのか？　おそらく、まずは

ハイブリッド戦争を仕掛けるだろう。メディアや経済協力を通じて、台湾の平和的統一の機運を盛り上げるのだ。こうした工作活動はすでに行われているとみられるが、台湾内の親中派支援はさらに強化されるはずだ。反中世論が高まり独立派が拡大すれば、サイバー攻撃やデマ散布で社会を混乱させる。その隙に親中派議員を支援して、台湾の政権を乗っ取ると考えられる。

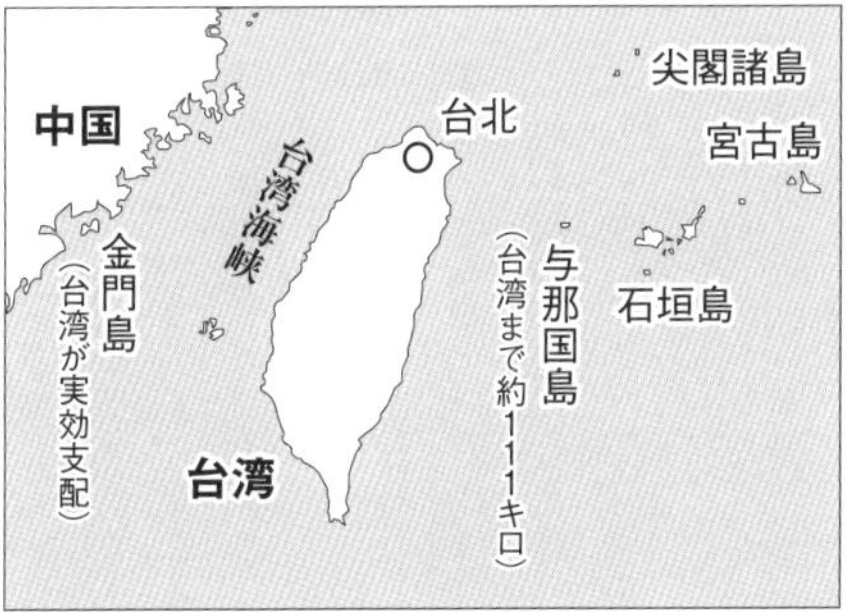

台湾周辺地図。自衛隊は与那国島、宮古島に駐屯地を置いている。石垣島にもミサイル部隊が配備される予定

それでも作戦が失敗したら、短期の限定的紛争に移行するだろう。金門島《きんもんとう》などの島々を制圧し、台湾の海上封鎖を完了してから降伏を迫る。拒否されれば反国家分裂法に基づき全面侵攻が実施されるだろう。台湾軍の総兵力は、陸海空を合わせても約16万人。中国軍全兵力の1割にも満たず、他国の支援なしでは防衛できない。

◎他人事ではない日本とアメリカ

アメリカは「台湾関係法」で事実上の同盟を結

んでいる。参戦義務はないが、台湾の陥落は中国海軍の太平洋進出につながるので、何らかのアクションを取るのは間違いない。バイデン大統領が台湾防衛への関与を繰り返し発言しているのも、単なる警告ではないだろう。

日本も他人事ではすまされない。**南西諸島は台湾と目と鼻の先**で、台湾から与那国島までの距離は、110キロ程度しかない。中国が台湾にミサイルを配備すれば、与那国は常に危険にさらされることになってしまう。また現在、宮古島には在日米軍のミサイル基地がある他、石垣島は台湾有事の際にはアメリカ軍の拠点となる見通しだ。与那国などには陸自の部隊が配備されているが、対応が不十分だとして、さらなる強化が進められている。アメリカが台湾防衛に動けば、これらの島が攻撃対象になる可能性がある。

もちろん、中国はアメリカとの戦いを望んでいないため、台湾統一作戦を実施する場合は、アメリカ軍が出動しにくい環境を先につくるだろう。インフラ機関や政府施設へのサイバー攻撃、衛星へのジャミングや世論誘導によってアメリカ国内をかき乱すことが予想される。日本に対しても、日系企業への制裁行為や尖閣諸島の圧力で牽制するだろう。そうして日米の介入が難しくなったところで、中国は台湾侵攻を開始するのだ。

◎急がれる台湾有事への対処策

では、台湾有事が起こった際、日米はどのように対応するのか？

アメリカは国内の混乱が収まり次第、国連を通じて中国を非難するだろう。台湾攻撃が本格化すれば、支援を開始するはずだ。物資・兵器の援助、艦隊による海上封鎖、航空機と対地ミサイルによる攻撃支援が予想される。拠点は台湾に近い南西諸島や沖縄の在日米軍基地となる。

では、日本はどう動くのか？　実は2022年6月の段階で、**日本政府は国家レベルの対台湾危機戦略がない**。中国への配慮から台湾有事の議論に消極的だったためだ。

もっとも、近年は台湾有事を想定して、在日米軍と自衛隊は合同訓練を行っている。有事の際には、自衛隊は在日米軍の後方支援を担うことになるだろう。**基地提供や対潜哨戒と船団護衛、機雷除去とサイバー対策**などである。

在日米軍の後方任務に就けば、日本は台湾有事の最前線となる。在日米軍へのミサイル攻撃はもちろん、南西諸島への中国軍の侵攻も考えられる。そうなれば、自衛隊は対米支援と南西諸島防衛の二正面作戦を強いられる。日本の経済力を削ぐべく、中国軍は南シナ海のシーレーンを封鎖するだろう。こうした事態に対処するために、台湾有事を想定した政策の具体化が急務である。

Japan
Self-Defense
Force's Ability
36

尖閣有事で自衛隊はどう動く？①突発的な衝突

◎偶発的な接触がもたらす紛争

２０２１年度における航空自衛隊のスクランブル回数は、１００２回。その7割近くが尖閣諸島を含む南西方面に集中する。中国艦艇の領海侵入も頻発しており、２０２２年4月27日には、口永良部島《くちのえらぶじま》から屋久島周辺において、中国海軍の測量艇が目撃された。

こうした中国軍の航空機・艦艇との偶発的な接触、事故をきっかけに、**尖閣諸島で局所的な軍事衝突が起こる**ことは十分にあり得る。そんなとき、自衛隊はどう動くのか？尖閣諸島沖合において中国軍機の領空侵犯が確認された場面を想定してみよう。

スクランブル発進した空自機は、中国軍機に警告を発するだろう。それでも、対象機は急接近など挑発を繰り返すかもしれない。実際、２０１４年５月24日には東シナ海で中国戦闘機が空自機に異常接近する事件が起きた。このときは30メートルの距離を保ってはいたが、それ以上に接近していたら、空自機との空中衝突が起きたかもしれない。

もし、日本領空で日中の航空機が衝突し、いずれかもしくは双方のパイロットが殉職すれば、事態は深刻度を増すだろう。日本は接近を引き起こした中国に外交抗議を行うだろうが、中国は「空自機が墜落を引き起こした」と批判を強めてくることが予想される。その後、尖閣周辺への航空隊・水上艦の進出を活発化させるだろう。こうなると、自衛隊も護衛艦隊と戦闘機隊を派遣せざるを得なくなる。こうして、両国の航空機部隊が衝突する可能性が急上昇してくる。

2012年、尖閣諸島に領空侵犯した中国の観察機。海上保安庁の巡視船が無線で国外退去を要求したが、中国機は反論して退去せず、島を撮影した（出典：防衛省HP）

◎五分五分で終わる空中戦

尖閣周辺で空中戦が起こるとすれば、突発的な戦闘がきっかけになると思われる。**自衛隊は領空侵犯機に対して、条件を満たせば武器使用により撃墜できる。**侵害が間近に迫っていれば、相手の攻撃を待たずに射撃可能だ。

では、有事の際に両国が投入できる航空戦力はどの程度か？

中国空軍と海軍航空隊が保有する作戦機は、合計約3000機。戦闘機に限定し、旧式機や航続距離の足りない機体を除くと、約550機が投入可能だ。ここには、J-20ステルス戦闘機22機も含まれる。50～60%といわれる稼働率（任務遂行可能な航空機の割合）を考慮すると、尖閣に配備できる最大数は300機程度になるだろう。

対する空自は、F-35ステルス戦闘機21機とF-15J／DJ約200機、支援戦闘機F-2約90機を含めた310機ほど。F-15が稼働率90%を超えるとされるなど、空自は稼働率が高い。航空機全体の稼働率は不明ながら、F-15を参考に80%程度と考えれば、約250機が投入可能である。**中国軍が数十機上回るものの、大きな不利ではない。**

また、南西方面に設置されたレーダーサイト、早期警戒機などの管制能力は、空自が優勢である。北海道方面から空中給油機を送ることもできる。中国にもKJ-2000空中指揮統制機はあるが、性能は日本に劣る。空中給油体制の整備も発展途上である。**後方支援体制を含めた総合的な戦闘力なら、空自が優勢**だろう。緒戦で先制攻撃を許した場合は、尖閣上空での戦闘は五分五分で終わると思われる。

◎国際世論を味方にできなければ負ける

ただし、**航空戦力の大規模な衝突が起きる可能性は極めて低い**。航空機の衝突事故が起きた場合、現実的には日中双方は全面衝突への発展を避けようとするはずだ。両政府は、国内への面子を保つために強気な発言をするかもしれないが、全面戦争となれば収拾がつかなくなるおそれがある。海上でも、中国海軍の艦船が射撃管制用のレーダーを照射したり、威嚇射撃を行う可能性はあるが、本気の戦いを望まない以上、散発的な攻撃に終始するはずだ。海自の艦隊が防衛出動をしたとしても、中国の攻撃が挑発目的だと判断されれば、深追いはしないと思われる。そうして空・海での睨み合いを続けてから、アメリカか国連の仲介で停戦となるだろう。

問題は、**このあとの政治的対応**である。中国は、その後も尖閣諸島の領有を諦めはしない。むしろ衝突の原因は日本にあるとして、積極的な外交攻勢に打って出るはずだ。一帯一路の参加国をはじめ、強権的な国は中国に味方する事態が想定される。また、2010年のレアアース禁輸以上の経済的圧力を、日本にかける可能性もある。そんなときこそ国益を損なわないよう、冷静な議論が必要である。

Japan
Self-Defense
Force's Ability
37

尖閣有事で自衛隊はどう動く？②尖閣諸島奪還作戦

◎国民の不満をそらすための対日戦

中国が日本本土に侵攻する可能性は極めて低いが、尖閣諸島は別である。可能性は高くないものの、国内世論が政権に不満を強めれば、国民の目をそらすために尖閣に侵攻するかもしれない。そうした事態を想定して、尖閣有事のシミュレーションをするシンクタンクもある。

では、具体的にはどのような形で尖閣戦は行われるのか？　前提として、中国指導部が尖閣侵攻を決めたとしても、大規模侵攻にはならないと思われる。おそらく中国は、南シナ海と同じ**準軍事作戦**（ＰＯＳＯＷ）を採用するはずだ。

まず、尖閣諸島に大量の漁船を送り込む。海上保安庁は巡視船で阻止しようとするが、中国監視船に阻まれ上陸を許してしまうだろう。その間に本州では中国の特殊部隊や工作員がインフラ破壊やサイバー攻撃を行うはずだ。こうして日本が大混乱に陥っているうちに中国の尖閣占領は完了する。

漁船が殺到する尖閣諸島に自衛隊を派遣しようにも、現在の法制度では出動の名目がない。この場合は、警察権を担う海上保安庁が対応せざるを得ないのだ。外交ルートで非難しても、中国が聞き耳を持つことはない。それぐらいでやめるなら、はじめから尖閣上陸を目論まないからだ。

◎自衛隊の優勢で終わる尖閣有事

自衛隊が出動できるのは、尖閣が占領され、日本の巡視船や航空機が破壊されたときである。これでようやく、自衛隊は防衛出動の名目で尖閣に向かうことができる。

奪還作戦の成功は、**いかに短い時間で作戦を決行できるか**にかかっている。長期戦になれば、物量と経済力に勝る中国を立ち退かせることは難しい。

投入される戦力は、以下のようになると考えられる。海上自衛隊からは、長崎県佐世保の第2護衛隊群第2護衛隊と、第1護衛隊群第5護衛隊、第4護衛隊群第8護衛隊、第13護衛隊。ヘリ搭載型護衛艦「いせ」を含む約14隻の護衛艦が主力となる。ここに呉の第1潜水隊群12隻と西部・南西部航空方面隊も加わるはずだ。なお、在日米軍の参戦はない。アメリカは米中戦争になることを望まないので、武器弾薬の援助や外交での抗議のみを行うことになる。

中国側の戦力は北海艦隊か東海艦隊、もしくはその両方となる。北海艦隊は駆逐艦15隻と空母2隻、東海艦隊は駆逐艦12隻を擁する。中国艦艇が擁する対艦ミサイルは、射程約280キロメートルのYJ-62、射程約550キロメートルのYJ-18が主力だ。これらは、海自の平均射程150～200キロメートルを大きく上回っている。ただし南西諸島沖は狭く、長射程は生かせない可能性があるため、戦い方次第では不利にならない。

戦いは定石どおり、空から始まるだろう。158ページで解説したとおり、航空戦力では空自が優勢のはずだ。また、海自の潜水艦隊を警戒して、中国艦隊は自由な行動が難しい。中国海軍の対潜哨戒ヘリは信頼性が低く、保有数も少ない。水上艦艇はソナーを装備している艦が少なく、潜水艦すら水中センサーが未整備だからだ。対する海自は対潜哨戒機のP-3C・P-1を合計74機保有し、各護衛艦にも対潜哨戒ヘリを完備している。水中戦でも自衛隊が有利となるはずだ。

こうした空の勝利と水中の支援により、水上艦艇の数的不利はある程度補えると考える。イージス艦による対空迎撃も期待できるので、緒戦は自衛隊側の優勢で終わるだろう。ただし自衛隊側も相当の被害を受けると思われるので、中国艦隊の追撃は難しい。

◎短期決戦で日本が有利な講和に

その後の展開は、中国の行動で変わる。中国当局が撤退を決断すれば、尖閣有事はそこで終わる。戦後交渉は日本有利に進むはずだ。しかし、尖閣で陣地が構築されており、中国軍が撤退しなければ自衛隊による上陸作戦となる。水陸機動団が主力となるが、支援用の対地兵器はほとんどないので**苦戦は必至**だ。また艦隊の再来や中国本土からの地対艦ミサイル攻撃により、護衛艦隊の被害は拡大する。長期化すれば、物資の備蓄不足も表面化する。

その間、中国政府による対外プロパガンダは活発化するだろう。諸外国に圧力を加えることも考えられる。さらに南シナ海を海上封鎖して、日本の海上輸送を制限する可能性もある。そうなる前に、日本は尖閣有事を短期で終わらせる必要がある。

【第三章】

日本と自衛隊が直面する大きな課題

Japan
Self-Defense
Force's Ability
38

自衛隊は他国軍に比べて出動の手続きが大変？

◎最高指揮官である内閣総理大臣

多くの国では、軍人ではなく政治家が軍隊の最高指揮権を有している。これを**文民統制**と呼ぶ。日本も例外ではなく、自衛隊の最高指揮官は、行政府の長である内閣総理大臣だ。ただし、自衛隊の隊務を総括し、直接指揮をするのは防衛省トップの防衛大臣である。この防衛大臣を、自衛官のトップである「陸・海・空幕僚監部」の幕僚長が支える。幕僚監部は各自衛隊の部隊編成や作戦立案を行う組織で、幕僚長はその長である。幕僚長は防衛大臣の命令を各部隊などに伝達すると同時に、それぞれの軍事部門の専門家として防衛大臣を補佐する役目も担っている。

これら陸海空の幕僚監部を統括しているのが、２００６年に設立された「統合幕僚監部」の統合幕僚長だ。陸海空の幕僚長のなかから選出され、防衛大臣の命令を一元化して各幕僚長に伝達する。

◎自衛権行使にあたる「防衛出動」の複雑な手続き

自衛隊法第６章に定められている自衛隊の行動のなかで、最も深刻な事態に発せられるのが**防衛出動**だ。自衛隊法76条には「内閣総理大臣は、我が国に対する外部からの武力攻撃が発生した場合、自衛隊の出動を命ずることができる」という規定がある。これがいわゆる防衛出動だ。だが、**出動のための手続きは、とても迅速とは言い難い**。

日本の国土が武力攻撃を受け、あるいはその危機が明白になると、内閣総理大臣が事態への「対処基本方針案」を策定する。方針案は内閣に設置されている安全保障会議で諮問され、その後に総理大臣へ答申されて、対処基本方針が閣議決定される。だがまだ防衛出動は完了していない。その後に国会の承認を得て、さらに「武力攻撃事態対策本部」が設置されると、ようやく防衛出動の発動が可能になる。

もちろんこの間、敵が攻撃を待ってくれることはない。防衛出動が発令されたときに

日 ASEAN 防衛大臣級会合に出席する岸信夫防衛大臣。有事の際は防衛大臣が統合幕僚長などへ命令や指示を下す（出典：防衛省ツイッター）

は、護衛艦などの部隊に損害が及んでいる事態も考えられる。そのため２００３年に成立した「武力攻撃事態法」の第９条では、特に緊急の必要がある場合には、国会の承認は防衛出動の後でも構わない旨が規定された。

　こうした手続きは、日本独特のものである。例えば中国であれば、中国共産党中央軍事委員会（中軍委）の承認があれば軍隊は出動可能だ。中軍委の主席には軍の最高司令官でもある国家主席が就任するので、日本に比べて軍隊出動のハードルはずっと低い。また、韓国でも議会の承認は必要だが、日本と違って大統領の権限が強いため、迅速な軍事活動が可能だ。憲法にも「大統領が国軍を統帥し、宣戦布告を行うことができる」旨が規定されているので、軍の出動は日本よりもスムーズに行うことが可能である。

◎防衛出動以外の自衛隊の出動

ただ、防衛出動は国際法で認められた自衛権を行使するという、日本防衛の最終手段である。そう簡単に出せるものではないし、防衛出動以外の手段で対応可能か検討されるのが普通である。

防衛出動の他にも、自衛隊の行動には**「治安出動」「警護出動」**などがある。治安出動は警察力で治安を維持することができないと認められる場合に、警護出動は日本国内にある在日米軍や自衛隊施設が破壊されるおそれがある場合などに発せられる。

治安出動の場合、出動命令から20日以内に国会に付議して承認を得る必要はあるが、都道府県知事による「要請出動」なら国会の承認は必要ない。警護出動にも国会の承認は不要である。もちろん武力を行使することはできないが、正当防衛などの理由があれば、武器を用いることはできる。さらに防衛大臣は自衛隊の出動待機や防御施設の構築措置などを命じることが可能である。

確かに、自衛隊が行動するには他国と比べて複雑な手続きが必要だが、近年は万が一に備えて速やかな行動が取れるよう法整備が進んでいるし、運用上のシミュレーションも行われている。武器使用や組織的行動に対する制約はあるものの、法に則り可能な選択肢をとりながら、自衛隊は日本を守るはずだ。

グレーゾーン事態への即時対応は難しい？

Japan Self-Defense Force's Ability 39

◎海上警備行動で対処は可能？

防衛出動が発出されれば、自衛隊は武力行使が可能となる。だが、これまで一度も出されていないことからわかるように、防衛出動は簡単に下せるものではない。自衛隊法では「武力攻撃が発生する明白な危険が切迫していると認められる事態」に発令できるとされており、明白な侵略であることが認定されなければ、防衛出動を命じることができないのだ。

他国軍が日本本土を侵攻するような事態は、政治的・技術的に考えて現状はほぼ起こり得ない。だが、洋上における小規模な争いが突発的に起こる可能性はある。中国公船

不審船に対処するための訓練を行う海上自衛隊員たち（防衛省 HP）

が日本領海に侵入する事態は常態化しているし、北朝鮮から工作船が侵入する可能性もあるからだ。そうした場合に海自の出動が必要になった場合、発令される可能性の高いのは**海上警備行動**である。

海上警備行動は、自衛隊法82条に規定されており、閣議を経て内閣総理大臣が承認したうえで、防衛大臣が下すことになる。ただ、海上警備行動においては、組織的な武力行使はできない。「警察官職務執行法」が準用され、**敵に危害を加えるような武器使用は、正当防衛時や相手が抵抗する場合を除いて認められない。**

◎体制の整備が必要な海自の行動

海上警備行動の限界は、1999年に明ら

1999年3月23日に能登半島沖で発見された不審船（出典：防衛省HP）

かにされた。海上警備行動が初めて発令されたのは、1999年3月、能登半島沖に現れた北朝鮮の不審船に対処するためである。その過程によって、国防上の課題が浮き彫りとなる。海自の哨戒機が最初に不審船を発見したのが3月23日の早朝で、海上保安庁に情報が渡ったのは午前11時頃。そこから海上警備行動が発令されたのは発見から実に18時間以上も経過した24日午前1時前だ。結局、海自の懸命の追跡にも関わらず、**不審船を捕えることはできなかった**。

こうしたケースが起きた場合、他国では武力行使が認められることが少なくない。アメリカの沿岸警備隊には警告を無視した相手への実力行使が認められており、スウェーデンの海軍は敵意を持った船舶が領海に入れば、事前の通告なしに攻撃できる。

近年、日本の海域では「武力攻撃が発生した」という明確な認定ができない事案が多く発生している。中国が尖閣や台湾に侵攻する場合は、武力攻撃にあたらない範囲で実力組織を投入するだろう。そのようなグレーゾーン事態を想定して、現行の法制下で何ができるのか。また、法体制を変えることで対処は可能なのか。国民的な議論が必要な問題である。

Japan Self-Defense Force's Ability

40

アメリカ軍が日本を守るとは限らない？

◎日米双方にメリットのある同盟だが…

第2次世界大戦終了から5年後、北朝鮮が韓国に軍事侵攻し、朝鮮戦争が勃発した。北朝鮮には社会主義国家の中国・ソ連が、韓国にはアメリカを中心とする資本主義国家が後ろ盾となり、朝鮮半島を舞台に激しい戦闘が行われた。

この戦争をきっかけに、アメリカは東アジアの共産化を防ぐ必要性を痛感する。そこで日本に自軍を駐留させることで、中ソに対抗することを決めた。そのために締結されたのが、「日本国とアメリカ合衆国との間の安全保障条約」、いわゆる**日米安保条約**である（1951年締結、1960年改定）。これにより、**日本が基地を提供する代わりに、**

アメリカが兵力を提供することが決定。ソ連崩壊後の現在も、日米安保条約をはじめとした取り決めに基づいて、アメリカ軍は日本に駐留している。

日本にとって日米安保条約は、「安全保障費が安くつく」「アメリカ軍の抑止力を期待できる」というメリットがあるが、一方で、条約に忌避感を抱く日本人は少なくない。不祥事を起こす在日米軍への不信感や、アメリカの戦争に日本が巻き込まれるのではという疑念などが、その理由である。また、そもそも有事において本当にアメリカ軍が日本を守ってくれるのかという疑念も、根強くある。

2022年5月に日本にて首脳会談を行った岸田文雄首相とバイデン大統領（出典：首相官邸HP）

◎共同対処宣言を明記した第5条の解釈

日米安保条約第5条には、「いずれか一方に対する武力攻撃が、自国の平和及び安全を危うくするものであることを認め、自国の憲法上の規定及び手続に従って共通の危険に対処するように行動することを宣言する」とある。ここから、日本に危機が迫った場合、アメリカが対処するよう定められていると解釈できる。

一方で、「合衆国憲法に基づいた手続き」ができなければ、アメリカが日本を守る必要はないとも解釈できる。合衆国憲法に従えば、**大統領は独断で戦争参加を宣言できない**。武力行使には、連邦議会の承認が必要だ。こうした前提に基づき、「議会が反対すればアメリカは日本を守れない可能性がある」と指摘する意見もある。

だが、アメリカによる日本防衛を規定するのは、日米安保条約だけではない。両政府は日米安保条約を基礎にしつつ、自衛隊とアメリカ軍の協力、役割分担について、政策文書で規定している。それが「日米防衛協力のための指針」、通称**「日米ガイドライン」**である。何度か改定されているが、最新は2015年改訂版だ。

この新ガイドラインにおいて、島嶼《とうしょ》防衛にアメリカが関与することが言及された。どの程度関与するかはアメリカでも議論が分かれているが、そもそも、**アメリカが尖閣諸島の法的な防衛義務を負っていることは、日米両政府間で共有された事実**だ。公式見解とまったく異なる行動をとっては、アメリカは国際的な信用を失墜させることになる。尖閣諸島などが中国の侵攻を受けた場合、主体的に行動するのは自衛隊だが、在日米軍が無関係でいるとは考えにくい。

◎日米安保がなくなれば日本はどうなる？

在日米軍のせいで日本が危険にさらされているという批判はあるものの、条約を解消すれば安全になるかといえば、そんなことはない。在日米軍が撤退すれば、国防の負担全てが自衛隊にのしかかってくる。現在、日本の防衛費は約５兆５０００億円で、予算枠は国内総生産（ＧＤＰ）比１％程度だが、在日米軍の穴を補おうと思えば、**防衛費は倍増程度ではすまない**。

さらに、在日米軍がいなくなれば、中国や北朝鮮、ロシアといった周辺諸国が、いままで以上に領空・領海侵犯を繰り返すだろう。領土的野心を抱く中国は、尖閣諸島への工作や東シナ海での油田開発などを通じて、日本近海の海洋権益を独占しようとするかもしれない。日米関係の悪化に伴い日米安保条約を解消した場合、アメリカ軍の協力を得ることはできないため、こうした脅威に自衛隊だけで対処しなければならない。こうしたデメリットを考慮すると、日米安保条約を解消するのは現実的とはいえない。

もちろん、沖縄への基地負担問題など、日米同盟に関する課題は山積している。両国の関係を強固にしていくには、国民の理解できる同盟関係を築くことが求められる。

安全保障関連法の成立で自衛隊の活動はどう変わった？

Japan Self-Defense Force's Ability

41

◎防衛政策の転換点

２０１５年９月19日、第２次安倍内閣のもとで**安全保障関連法**（**安保法**）が成立した。この法律には、日本と密接な関係にある国が他国から武力攻撃された場合、日本が攻撃を受けていなくても、自衛隊の実力行使が可能になる「**集団的自衛権の行使容認**」が盛り込まれた。日本の防衛政策の大きな争点となったため、覚えている方は多いだろう。

この法律の成立によって、自衛隊の活動は大きく変化することになった。まず、グレーゾーンへの対応の明確化である。安保法以前、自衛隊は日本周辺の有事には１９９９年に成立した**周辺事態法**に基づき対応することになっていた。「周辺事態」とは、「日本の周辺地域で起こり、日本が武力攻撃を受ける恐れのある紛争などの事態」を指す。主に朝鮮半島有事を想定し、自衛隊がアメリカ軍の後方支援を行うことを定めた。

だが、現在は国際情勢が変化し、朝鮮半島有事以外にも、中国への脅威に備える必要性が生じている。そこで安保法成立後に周辺事態法は改正され、**重要影響事態法**が制定された。重要影響事態法では「周辺」という地理的な制限がなくなった。これにより、世界中に自衛隊を派遣できるようになり、後方支援の対象も、アメリカ軍だけに限らないことになった。

朝日新聞
2015年9月19日
土曜日
安保法 成立へ
海外で武力行使に道
自公、違憲批判押し切る
民意軽視の政治 問い続ける
国会前

安保法成立を報じる新聞記事（画像引用：「朝日新聞」2015 年 9 月 19 日記事）

◎海自に求められるアメリカからの要請

現在、**重要影響事態として認定される可能性のある地域は、中国の進出が著しい南沙諸島と**その周辺海域だ。この海域において、海上自衛隊は２０１５年６月に、フィリピン海軍と合同演習を実施している。演習場は南シナ海に面したパラワン島で、中国が占拠している南沙諸島からは約200キロの場所にある。航空機を発進させれば、中国海軍への攻撃も不可能ではない。合同演習の目的は「災害時の捜索救難」だったが、中国への対抗を視野に入れた訓練であったことは間違いない。2019年にはフィリピン海軍だけでなく、アメリカ軍、インド海軍とも合同演習を行うなど、自衛隊は周辺国と歩調を合わせて海上の安全保障体制を構築している。

もしも南シナ海で米中が衝突すれば、海自は同盟国である米海軍に対して物資輸送などの後方支援をする可能性がある。重要影響事態法では「弾薬の提供」や「空中給油」なども認められているため、海自がアメリカ軍と一体になって有事に関わることも、想定したほうがいいだろう。

実際、アメリカは自衛隊による支援も想定している。米海軍協会の幹部は南シナ海の活動について、「国の予算も厳しくアメリカだけで全てを行うことは不可能なため、強力な同盟国が必要」と、海自に後方支援以上の任務要請が今後ありうることを示唆した。

◎集団的自衛権を認めた安保法は憲法違反？

安保法の成立により、自衛隊は南シナ海において、周辺国と協調して中国に対峙することができるようになった。ただ、反発する中国に下手な口実を与えないためにも、海自の派遣には慎重な判断が必要だ。

また国内法的にみれば、集団的自衛権の行使を可能とする安保法は、憲法違反だという指摘もある。憲法9条では国民の生命や財産を守るための「個別的自衛権」だけが認められ、自衛隊が集団的自衛権で出動することは許されないという批判だ。政府も長らくこの憲法解釈の立場だった。

ただ、この集団的自衛権違憲論は、『戦後日本の安全保障』（千々和泰明著・中公新書）などによって、政治的要請から取り入れられたことが明らかにされている。1954年、新たにできる自衛隊が憲法上の戦力に該当しないという見解を守るために、自衛隊は個別的自衛権だけを有する必要最小限の実力組織と位置付けられた。つまり、根拠が脆弱とされた自衛隊の合憲性を守るために、集団的自衛権は「捨て石」にされたのである。

それでも、安保法を成立させた安倍政権への不信感なども相まって、集団的自衛権への警戒感はいまだ根強い。現在の個別的自衛権で対応ができるのではないか。そもそも、平和国家であるはずの日本が、あえて「火中の栗」を拾う必要があるのか。そうした疑念に政府が向き合わなければ、自衛隊は国民の理解を得られないだろう。

海自と他国軍の合同訓練は集団的自衛権の行使にあたる？

Japan Self-Defense Force's Ability

42

◎アメリカ軍との意思疎通と実弾の発射訓練

海上自衛隊は、自衛隊のなかでアメリカ軍との繋がりがもっとも古い。1958年の合同対潜戦訓練以来、機雷除去や防災など多岐にわたる合同訓練を積み重ねてきた。その目的は有事の際、最大のパートナーとなるアメリカ軍と戦術面での連携や意思疎通を深めておくことにある。また自衛官にとって日米合同訓練の一環である米国派遣訓練などは、普段制限されている実弾の発射訓練が行える貴重な機会でもある。

護衛艦などが搭載する兵器は、長射程の誘導弾（ミサイル）が多い。そのため、頻繁に発射を行えば民間航路や漁業に支障を来してしまう。だからこそ、広い洋上で行うアメ

2020年に行われた多国間合同軍事演習リムパック。ほぼ2年に一度の頻度で行われる。2020年は新型コロナウイルスの影響で規模を縮小して開催された

リカ軍との合同訓練は、海自の装備する兵器の性能を確認できる、絶好の場でもあるのだ。

合同演習はアメリカとだけではなく、多国間でも行われることがある。自衛隊が参加経験のある最大規模の多国間演習は、**環太平洋合同演習（リムパック）**である。

リムパックは東西冷戦期の1971年、ソ連の太平洋進出を阻むため、米海軍が主催した。1回目はハワイ周辺で行われ、カナダ、オーストラリア、ニュージーランドが参加。その後はソ連崩壊など世界情勢の変化で、演習内容は主にテロとの戦いなどを想定したものにシフトし、ハワイ周辺海域で2年に一度実施されている。集団安全保障が重視される昨今は、日本にとっても貴重な演習の場であるが、リムパックへの海自の参加には、法的

な問題があるという指摘もある。

◎合同演習と集団的自衛権の問題

2010年に行われたリムパックで、海自の護衛艦はアメリカ軍、オーストラリア軍と撃沈訓練に参加し、退役艦艇「ニューオーリンズ」を砲撃した。これが「集団的自衛権の行使に該当するのではないか」という声が上がったのだ。日本は従来、「集団的自衛権を有しているが行使はしない」と憲法を解釈してきた。にもかかわらず、参加国と一体化した砲撃訓練は、専守防衛から逸脱するのではないかという指摘である。

これに対し海上幕僚監部は、「時間を区切り、砲撃の順序を決めて訓練を実施した」と、参加国との連携を否定し、集団的自衛権の行使には当たらないとした。海自もこうした批判を想定していたのだろう。その後、2015年8月にアメリカ軍が主催しカリフォルニア州沿岸で行われた統合軍事演習「ドーン・ブリッツ」に参加したときも、集団的自衛権の行使に当たらないという立場を示すために工夫がなされた。

この演習で海自は、メキシコ軍やニュージーランド軍と揚陸作戦を行った。訓練が集団的自衛権の行使を前提としたものではないことを証明するため、わざわざ他国軍と上陸場所を隔てている。アメリカ軍との合同訓練なら日米安保条約があるため戦闘訓練も許容範囲とされているが、それ以外の国となると、訓練内容は制限されるようだ。

◎安全保障関連法で合同演習も変わる

２０１５年に海自はフィリピン海軍と南沙諸島に近いパラワン島沖で合同演習を実施したが、このときも行われた訓練は通信や捜索救助などで、戦闘を伴う訓練はなかったとされている。またリムパックでも、ブルー軍（味方）とオレンジ軍（敵）に分かれて戦うシナリオ演習があるが、海自は米海軍とだけ組み、他国と連携することはない。

このように、これまでは政府の憲法解釈に矛盾しないようにとさまざまな対策がとられてきたが、２０１５年9月から、こうした対応は変化することになる。集団的自衛権の行使が可能になることが盛り込まれた**安全保障関連法**が成立したからだ。その是非はともかく、今後は合同演習も規制が緩和され、訓練内容も大きく様変わりしていくことが予想される。

Japan Self-Defense Force's Ability
43

自衛隊は攻撃を受けない限り武器を使用できない？

◎必要最小限の戦力

「専守防衛」を掲げる日本は、敵から攻撃を受けた場合のみ、自衛権を行使することができる。その場合、戦力不保持の原則から、反撃は必要最低限の範囲にとどまる。２０２２年６月段階では、相手国の根拠地にミサイル等で攻撃を行うことはできない。といっても、諸外国が軍隊を持つのも、自国の防衛のためである。国際法上、侵略戦争は禁止されており、個別的自衛権と集団的自衛権の発動のみが認められているからだ。

それでも外国の軍隊は、自衛隊と決定的に異なる点がある。国際法上の規定を満たせば、自衛権行使の範囲に、敵地への先制攻撃も含まれるのだ。だからこそ、多くの国はミサイル兵器を国境周辺に配備し、有事に備えているわけだ。

先制攻撃ができないため、自衛隊には攻撃用兵器が配備されていない。そんな自衛隊に対して、中国海軍が戦争状態になってもおかしくないような挑発をしたことがあった。２０１３年1月30日、東シナ海で中国海軍のフリゲート艦「ジャンウェイ」が、海自の護衛艦「ゆうだち」に**火器管制レーダーを照射した**のだ。向けられたのはミサイルなどを発射するための攻撃用のレーダーであり、銃口を人に突き付けることと変わらない非常に危険な行為である。攻撃予告以外の何物でもなく、国際法上、海自が先に攻撃しても問題にならないレベルの事態だった。

にもかかわらず、日本政府は中国との関係悪化をおそれ、中国に対して「謝罪を求める」程度にしか対応しなかった。中国軍としても日本の出方がわかっているからこそ、このような挑発を行なったのだろう。

護衛艦「ゆうだち」。2013年に中国海軍の艦船から火器管制レーダーを照射される事件が起きた

◎武器使用が認められても自衛官に危険が及ぶ

実は自衛隊法には、防衛出動時以外でも武器使用が許可されるケースがある。それが95条の「自衛官は自衛隊の武器や船舶などを警護するにあたり、合理的に必要とされる限度で、武器の使用が許可される」という規定だ。といっても、武器を使用できる者は「自衛官」であって「自衛隊」ではない。武器使用の判断は自衛官個人の範疇であり、組織的な武力行使が認められているわけではない。相手が軍隊やそれに準じる装備である場合、この事態は自衛官の命を危険にさらすおそれがある。

また武器使用が認められるといっても、正当防衛以外では相手を傷つけてはならない。さらに敵が侵害行為を終えて逃げれば、正当防衛の要件である「急迫不正の侵害」、つまり差し迫った危機はすでに終わったと認定されるため、追撃することはできない。軍隊の活動というより、警察の活動に近い行動しか許されていないのだ。

◎自衛隊による敵基地への攻撃とは

自衛隊は、敵国が日本領土に爆撃機やミサイルなどを飛ばしてくる有事も想定している。この場合、イージス艦をはじめとした護衛艦が迎撃ミサイルを発射するなどして、防衛にあたることになる。だが波状攻撃がかけられた場合、いつまで持ちこたえられるかはわからない。海上でいくら敵ミサイルを迎撃できても、基地拠点や潜水艦が残っていれば、敵が攻撃をやめることはないからだ。

この事態の対策として政府が検討しているのが、ミサイルを発射する敵基地への攻撃だ。いわゆる**敵基地攻撃**である。２０２１年に岸田文雄総理は所信表明演説を行った際、「敵基地攻撃能力も含め、あらゆる選択肢を排除せず現実的に検討する」と語ると、自民党は「反撃能力」と改めたうえで保有することや、５年以内に防衛力の抜本的な強化に必要な予算の確保を目指すことを政府に提言。公明党は「保有について議論を深める」とし、野党でも日本維新の会は「保有は不可欠」、国民民主党も「検討は必要」と前向きな姿勢を示していた。

ただ、「専守防衛に反する」との声も強く、「先制攻撃の可能性をはらむ」との意見もある。さらに潜水艦や車両から発射された場合の対応についても、議論は必要になる。国内法やこれまでの政府見解との整合性、国民への説明など、これからクリアすべき課題は山積みである。

Japan
Self-Defense
Force's Ability
44

日本は敵基地攻撃能力を持つことができる？

◎ミサイル開発を加速化させる北朝鮮

日本の防衛戦略の基本は「専守防衛」である。相手から武力攻撃を受けたときにはじめて防衛力を行使できる。保持する防衛力は、自衛のための必要最小限に限る。この防衛戦略の是非が今後、大きく変わる可能性がある。**政府が「敵基地攻撃能力の保有」を検討し始めた**からだ。

敵基地攻撃とは一般的に、敵国の基地にダメージを与え、ミサイルの発射そのものを阻止する戦術を指す。「日本を攻撃すれば手痛い反撃が待っている」と相手国に思わせることで、抑止力を高める狙いもある。

従来、日本政府は「敵基地の攻撃は条件を満たせば憲法に違反しない」（1956年鳩山一郎首相の答弁を防衛長官が代弁）という立場を維持してきた一方で、「自衛権の行使として敵基地攻撃を行うことは想定していない」（2015年9月中谷元防衛大臣答弁）と、敵基地攻撃の行使には慎重だった。

だが、中国や北朝鮮のミサイル開発が加速し、日本の安全保障環境が一段と厳しさを増したことで、機運が変わりつつある。北朝鮮は2022年に入ると、4月までに12回ミサイルを発射した。そのなかには、音速の5倍（時速約6000キロ）を超えて飛翔する「極超音速《ごくちょうおんそく》ミサイル」も含まれていたとされる。極超音速ミサイルは速いだけでなく、変則的な軌道をとるため、標的となるエリアの特定が難しい。もし日本国内に打ち込まれると、海上自衛隊のイージス艦や航空自衛隊のPAC－3といった既存ミサイル防衛システムだけでは迎撃しきれないおそれがある。そこで**ミサイル防衛体制を強化すべく、敵基地攻撃に関する議論が盛んになった**のだ。

◎敵基地攻撃に転用可能なミサイルは導入済み

かつては、日本は敵基地攻撃を目的とした装備体系を保有していなかった。だが現在、

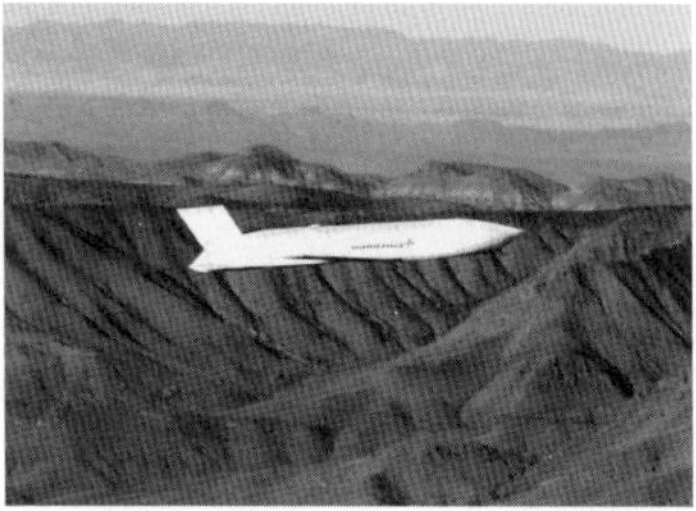

スタンド・オフ・ミサイル「JASSM」。防衛省が導入するのは射程延伸型の「JASSM-ER」

防衛省は敵基地攻撃に転用できるとみられる装備品の導入を決定している。それが**スタンド・オフ・ミサイル**と呼ばれる兵器である。

「スタンド・オフ」は「離れている」という意味で、敵の対空ミサイルの射程圏外から攻撃できる長射程ミサイルだ。導入が決まっているのは、射程約９００キロメートルのアメリカ製の「ＪＡＳＳＭ」と、射程約５００キロメートルのノルウェー製の「ＪＳＭ」。両者とも戦闘機に搭載するタイプで、日本海上空から打ち込めば北朝鮮まで届き、東シナ海上空から発射すれば中国まで到達する。中国海軍の艦艇が装備する対艦空ミサイル兵器への備えが表向きの導入理由だが、敵基地攻撃兵器として転用することは可能である。

◎敵基地攻撃能力保有の課題

とはいえ、敵基地攻撃能力の保有について、課題や誤解は少なくない。

まず、**憲法上、国内法上、敵基地攻撃能力はどこまで許容されるか**について。国際法や、これまでの政府の法解釈に基づけば、自衛権を行使できるのは、あくまで「武力攻撃が発生した後」である。では、「武力攻撃の発生」とはいつなのか？　政府は、「直接被害を受けたとき」ではなく、「武力攻撃が着手されたとき」だと解釈している。しかし、「武力攻撃の着手」とはどのような事態なのかといえば、見解はさまざまである。発射準備の程度に応じて決められるはずだが、その基準をどのように定めるか。政府が実現性のある考えを示さなければ、安全保障環境の整備にはつながらないだろう。

また、**抑止力強化を疑問視する意見**もある。抑止力の強化が目的だと主張しても、周辺国が「日本が自分たちを攻撃する兵器を持ち始めた」と警戒して、軍拡競争に発展するおそれがある。それに、北朝鮮が執拗にミサイルを発射するのは、アメリカとの交渉で自国に有利な条件を引き出すことが目的だ。それなら、日本が防衛力を高めても、北朝鮮のミサイル開発の抑止力にならないのではないか、というわけである。

なお、目の前の危機を利用して憲法の解釈を変えようとしているのではないかと、警戒する意見があるが、政府は国際法上の自衛権行使の要件にそれないよう、議論を進めている。今後はどのようなケースなら敵基地攻撃能力を行使できるのか、それが国際法上、国内法に照らして妥当か、議論を深化させることが重要だ。

Japan
Self-Defense
Force's Ability
45

日本がアメリカと核を共有する可能性はある？

◎核共有の議論を呼びかける元首相

ロシアによるウクライナ侵攻後、プーチン大統領は核兵器の使用をたびたび示唆している。こうしたプーチン大統領による核兵器使用の示唆後、安倍晋三元首相がテレビ番組で発言した内容は、物議をかもした。**ニュークリア・シェアリング（核共有）**についての議論を促したのである。

核共有とは、他国の核兵器を自国に配備するしくみだ。北大西洋条約機構（ＮＡＴＯ）ですでに行われており、ドイツ、ベルギー、オランダ、トルコがアメリカの所有管理する核兵器を受け入れている。５カ国には小型の核弾頭が約１００発保管されているとされる。ドイツを例にとると、有事の際にはアメリカ軍がドイツ軍に供与し、ドイツ軍が戦闘機に搭載して攻撃する、ということになっている。

安倍元首相はこれを踏まえ、日本でも採用するための議論が必要だと呼びかけた。これにコメンテーターの橋下徹元大阪市長も同調。放送の4日後、日本維新の会は、核共有の議論を政府に求める提言を林芳正外相に提出している。

◎核共有が実現しても決定権はアメリカにある

ＮＡＴＯ式の核共有を採用すれば、アメリカの同意を得たときに自衛隊は核兵器を使用できる。メリットとして挙げられるのは、**抑止力の強化**である。これまでは日米安全保障条約（日米安保）に基づき、アメリカ軍の持つ核兵器が、抑止力として期待されてきた。いわゆる「核の傘」である。だが、実際にアメリカが日本のために核を使用するか、はっきりしない。日米安保の第5条によりアメリカは日本に対し

核共有に関する議論の必要性を訴えた安倍晋三元首相（出典：自民党HP）

て防衛義務を負うが、必ずしも核による必要はない。

とはいえ、**核共有が実現する可能性は低い**。そもそも、核共有が実現したとしても、アメリカが使用に同意するかは不明だ。日本政府が使用を決めたとしても、アメリカの戦略に都合が悪ければ、大統領が首を縦に振ることはない。逆に管理者であるアメリカが核を使用しようとした場合、日本はアメリカの意思を拒絶しにくくなるだろう。また、**中国・北朝鮮が日本の核先制攻撃を警戒して、核爆弾の貯蔵庫を攻撃するおそれもある**。その際に使用されるのは、核ミサイルである可能性が高い。

安倍氏の発言後、岸田文雄首相は非核三原則の堅持を示唆し、「**政府として議論することは考えていない**」と明言。自民党の安全保障調査会でも、出席議員から核共有は日本にはなじまないとの意見が相次ぎ、当面採用しない方針でまとまっている。

◎核保有に対する国民感情

核兵器をめぐる議論の歴史は長い。1957年には岸信介首相が「自衛の範囲を超えない限り核を保有しても違憲ではない」と国会で答弁しているし、その後の首相も、「やはり日本も核を持たなければだめだね」（池田勇人）、「日本の科学と工業は核兵器を製造できる水準に十分達している」（佐藤栄作）と発言している。安倍氏も副官房長官時代に「憲法上は原爆も小型であれば問題はない」と主張しているし、野党でも小沢一郎氏が自由党党首時代に「日本がその気になったら一朝にして何千発も保有できる」と発言。東京都知事を務めた石原慎太郎氏も、日本維新の会代表だったころに「核兵器に関するシミュレーションぐらいしたらいい」と語っている。

確かに、日本が核兵器を所有することは技術的には可能だろう。しかし**政治上、運用上の理由から、核保有を実現するにはハードルが非常に高い**。開発にあたっては地下実験が必要だが、被爆国で原発事故を経験している日本で、実験場所を確保するのは容易ではない。保管場所やセキュリティ、管理技術の習得、アメリカとの調整、それらにかかるコストなど、考えるべき課題は多い。なによりも、日本には国是として「持たず、つくらず、持ち込ませず」の非核三原則がある。「持ち込ませず」を考え直そうという意見もあるが、核の保有に関しては、国民が反発して簡単に覆らないだろう。

日本の抑止力強化を図るなら、核の共有や保有ではなく、**グレーゾーンや有事における日米の緊密化**が重要である。中国や北朝鮮の挑発に対処する具体的な作戦を平時から検証して実行に移すことで、現実的な対応が可能になるはずだ。

Japan Self-Defense Force's Ability 46

アメリカの核兵器が旧式化して抑止力が低下する？

◎古くなった兵器を最新システムで補完

ソ連崩壊後の2020年段階でも、アメリカは3800発の戦術・戦略核兵器を保有している。数こそロシアの4315発に劣っているものの、アメリカには「NC3」という切り札がある。NC3とは、核兵器を統一運用するための指揮統制システムだ。早期警戒衛星や戦略衛星、地上通信を国家軍事式センターのネットワークにつないで、弾道ミサイルや爆撃機などの核兵器を一元化して運用する。こうした高度な運用システムを、中国やロシアは持っていない。だからこそ、アメリカは核の抑止力をもって中露ににらみを利かせることができるのだ。

だが、アメリカの核運用には大きな課題がある。**核兵器の老朽化**である。

核兵器を敵地に運搬・投下する手段は、冷戦期に確立した以下の三つが主流である。「陸上基地からの大陸間弾道ミサイル（ICBM）発射」「爆撃機からの投下」「原子力潜水艦からの潜水艦発射弾道ミサイル（SLBM）の発射」の三つだ。

退役した大陸間弾道ミサイル「タイタン2」。アメリカアリゾナ州のタイタン・ミサイル博物館に展示されている（© Mike McBey）

この三手段で用いられる核兵器はいずれも、**冷戦期の代物**である。例えばICBM「ミニットマン3」は70年代製、SLBMの「トライデント2」は1990年の代物だ。B-2Aステルス爆撃機でも1994年、B-52爆撃機は60年代の機体で、戦術核を搭載する小型爆撃機も80年代のものである。同じく、「再突入体」も大半が80年代から90年代製と、旧式化が問題である。再突入体は宇宙でミサイル本体から切り離されて大気圏に突入する弾道部分であり、核を内包している重要兵器だが、最新兵器への置き換えは進んでいない。

核弾頭や運搬システムの新規開発が進まなかったのは、冷戦終結により核兵器大量配備の必要性がなくなったからである。その代わりに、アメリカは防衛システムと防衛インフラ開発に注力し、冷戦期の旧式品を最新システムで補うことで、核兵器を運用している。

◎老朽化に対する装備の更新

核による抑止力低下を防ぐべく、アメリカ軍は**核装備の更新**を進めようとしている。ミニットマン3は2030年まで使用される予定だが、2029年からは新型の「**GBSD**」に置き換えられていくという。爆撃機も開発中の「B‐21」爆撃機に2025年頃から置き換えが始まり、戦術核用の航空機はすべて「F‐35AライトニングⅡ」に変わる予定だ。

再突入体も、すでに更新が始まっている。ミニットマン用とトライデント用の半分ほどが2000年代以降のものへと更新済みだ。SLBM用弾頭は起爆用爆薬の交換と低出力弾頭の配備が行われ、2025年までに作業が終了する予定である。航空機の弾頭は2030年までに延命改修されており、ICBM用弾頭の改修作業も同年から始まるという。ただ、巡航ミサイル用の完全新型弾頭の生産開始は２０３４年、ＩＣＢＭ用の次期主力弾頭は２０３７年からとなっており、**計画が順調に進んでいるとは言い難い**。

◎中国による核兵器開発の拡大

アメリカが核旧式化問題に対処するなか、中国は核兵器の拡大を進めている。中国の核保有数は３２０発（２０２０年度）とアメリカの17分の１程度ではあるが、対米核抑止を構築するべく、量だけでなく質の改善にも努めている。

アメリカ中央情報局（ＣＩＡ）は、中国が１９９３年の時点で小型化した核の完成が間近だったと報告している。それから数十年が経った現在、中国は小型核の運用能力を向上させている。２０１７年には10発の核弾頭を搭載できる戦略ミサイル実験を行ったとされ、２０１９年の軍事パレードでもＤＦ‐41など新型弾道ミサイルを多数披露した。運搬システムに複数の弾頭が搭載される可能性は非常に高い。

国際的な核問題といえば北朝鮮が取り沙汰されるが、中国の核開発も注意すべきだ。中国の核は、アメリカの同盟国である日本を恫喝するためにも用いられるだろう。自衛隊によるミサイル防衛システムの構築が求められる。

Japan
Self-Defense
Force's Ability
47

日本には多数のスパイが潜入している？

◎日本を舞台にスパイが暗躍

日本には、民間人に扮《ふん》した中国や北朝鮮のスパイが多数潜んでいる、といわれている。警視庁公安外事課で長年スパイ捜査を担った勝丸円覚氏によれば、ロシアのスパイだけで80人程度が日本に潜入しているという（2022年4月22日デイリー新潮配信記事／「週刊新潮」2022年4月21日号掲載）。他国のスパイも合わせれば、数百から数千人はくだらないだろう。

彼らが狙う情報には、**軍事関係の機密**も少なくない。2007年4月には、イージス艦の中枢情報が外部へと持ち出される事件が発覚した。犯人は海自の2等海曹だったが、彼の妻は不法入国疑惑のある中国人だった。この中国人妻が自衛隊員である夫を通じて諜報活動を行おうとしていたとみられている。

世界的にみれば、他国でスパイ活動が発覚した場合、スパイ本人と協力者は法律によって厳罰に処されることが多い。ところが日本で起きた右の事件では、中国人女性は国外追放となっただけ。情報漏洩に関与した日本人協力者も、自衛隊員を除けば誰一人として処罰されることはなかった。

中国書記官 スパイ活動か

出頭要請拒否し帰国

軍出身 身分偽り口座開設

政財界の要人と接触

在日中国大使館の1等書記官(45)が、外国人登録証明書を不正に使って銀行口座を開設し、ウィーン条約で禁じられた商業活動をしていた疑いが強まり、警視庁公安部が外務省を通じて中国大使館に書記官の出頭を要請していたことが政府関係者への取材でわかった。書記官は一時帰国した。中国人民解放軍の情報機関「総参謀部」出身で、公安部は、日本国内で諜報活動をしていたとみており、書記官が接触していた関係者などから一斉に事情を聴き、実態解明を進める。（関連記事34・35面）

ウィーン条約　身柄が拘束されないなど外交官特権について定めており、1961年に採択された。日本は64年、中国は75年に加入。42条は赴任先で個人的な利得を目的とした職業活動または商業活動を禁止している。罰則はないが、違反行為があった場合、受け入れ国側が「好ましくない人物」として相手国に通告し、帰国させることができる。

原発比率35%は除

中間報告案 0～25%の4案

在日中国大使館の１等書記官が、「スパイ活動」を行っていた疑いがあることを報じる新聞記事（画像引用元：「読売新聞」2012年5月29日記事）

◎不備が指摘される「特定秘密保護法」

なぜ警察はスパイを逮捕できなかったのか？　それは**日本にスパイ活動を取り締まる法律がなかったから**だ。日本や在日米軍の防衛情報を漏洩した者は、自衛隊法第１２２条や「日米相互防衛援助協定等に伴う秘密保護法」によって処罰される。しかしこれらの法は、最も重い罪でも懲役10年だ。また、自衛隊内の取り締まりを優先した法律なので、外部のスパイ活動を抑止するには役立っていない。

このような状況を受け、2011年に民主党政権は国家の重要情報防衛を目指した「秘密保全法制」を検討する。批判を受けたために法案の国会提出は見送りとなったが、政権交代後の2013年に第二次安倍内閣のもと、**特定秘密保護法案**が成立した。これにより、安全保障に著しい支障を与えるおそれのある情報を、秘密に指定できることになった。罰則は10年以下の懲役、または情状により10年以下の懲役および1000万円以下の罰金だ。

ただし、この法律にはいくつかの問題点が指摘されている。法律は「防衛」「外交」「特定有害活動の防止」「テロリズムの防止」に関する情報を「特定秘密」としているが、**基準が曖昧で、指定者による拡大解釈の余地がある**。特定秘密を指定するのは行政機関なので、国民に知られたくない情報が隠匿されるのではと懸念する声もあった。特定秘密を知ろうとする行動も処罰の対象となるので、メディアの取材活動に規制がかかり、国民の知る権利が制限されてしまうという批判も上がった。

諜報戦への対策を磐石にするためには、法律の整備だけでなく、特定秘密を公平に判断する第三者機関の設置が重要だ。その上で、抑止につながるよう罰則を強化する。そうしてはじめて諜報組織の拡充と育成を進める下地ができるはずだ。

◎スパイの存在しない自衛隊

日本が他国の諜報活動への対策に遅れているのは、**敵国での諜報を行う独自のスパイ組織を持たない**ことも影響しているだろう。自衛隊には「情報保全隊」と呼ばれる諜報組織が設置されているものの、目的は他国からの諜報活動の防止であり、敵国へのスパイ活動は想定されていない。また、内閣調査室をはじめ、各省庁には情報機関が乱立しているものの、いずれの組織も敵国での諜報を大規模に行なってはいないとされる。

こうした諜報組織を統括し、国内外で諜報活動を行う組織をつくれないのか。現状では、体制が整えられる機運はない。行政事務を各省庁が分割して行う日本では、同じような活動をしていても、横のつながりが希薄だ。日本独自の対外諜報組織ができるのは、まだまだ時間がかかるだろう。

Japan
Self-Defense
Force's Ability
48

輸出品の軍事転用を防ぐ安全保障貿易管理とは？

◎安全保障を揺るがす技術と物品の流出

長期にわたる経済制裁を受けながらも、北朝鮮は着々と核開発を進めている。その技術を提供したのは、パキスタン技術者のアブドゥル・カディール・カーン博士だ。カーン博士はパキスタンでの原爆実験を成功させ、イランやリビアにも核兵器の技術を密売したといわれている。どのようにして技術を提供したのか？　実は、**日本の民生品が軍事転用されていた**のである。

カーン博士は１９８４年に日本を訪れ、いくつか重要な部品を注文したと証言している。それ以前の１９７７年にも、核兵器原料の高濃縮ウランを製造する濃縮施設向けの電力供給装置を日本で購入したと語っている。

　このような、日本の技術力が軍事転用されるケースはその後も起きた。１９８７年には、ソ連が東芝機械（現・芝浦機械）から不正輸入した工作機械を利用して、潜水艦のスクリューの性能を高めたとされる（東芝機械ココム違反事件）。２０２２年のウクライナ侵攻においても、ロシア軍ドローンの部品の一部が民生品を流用した日本製だったと報じられた。

　高度な技術や機械などが大量破壊兵器の開発を目論む国家やテロ組織に渡れば、国際的な脅威になりかねない。近年は自衛隊向けに装備を開発していた企業が、海外へも装備を輸出する動きが盛んになっている。そうした企業の民生品が、安全保障において懸念される取引に巻き込まれる可能性もある。それを防ぐための手段が**安全保障貿易管理**である。

◎法令に基づく二つの規制

　安全保障貿易管理に重要なのは、各国との連携である。そこで貿易管理を徹底すべく、先進国を中心に以下四つの「国際輸出管理レジーム」が設けられている。

・核兵器に関する「原子力供給国グループ」(NSG)
・生物・化学兵器に関する「オーストラリア・グループ」(AG)
・ミサイルに関する「ミサイル技術管理レジーム」(MTCR)
・通常兵器関連の「ワッセナー・アレンジメント」(WA)

このレジームの合意を受けて、日本では「外為法」「輸出令」「外為令」「貨物等省令」に基づいて規制を実施する。外為法に基づく規制には「リスト規制」と「キャッチオール規制」がある。リスト規制のもと、武器や大量破壊兵器、通常兵器の開発などに用いられるおそれの高いものがリストアップされる。該当する製品や技術を輸出したり提供したりする場合には、経済産業大臣の許可が必要になる。リスト規制に該当しないものであっても、大量破壊兵器の開発などに用いられるおそれがある場合にはキャッチオール規制に基づき許可が必要になる。これには、「大量破壊兵器キャッチオール規制」と「通常兵器キャッチオール規制」がある。

◎基準の曖昧さが招いた事件

このように、現在は民生品が軍事転用されないよう注意が払われている。ただ、**規制**

品目は多岐にわたり、基準が曖昧なものもある。その一つが噴霧乾燥器で、2013年に「（自動的に）内部を滅菌または殺菌できるもの」の輸出が禁じられた。滅菌については厚生労働省は「微生物の生存する確率が100万分の1以下」とするが、殺菌に明確な定義がなかった。にもかかわらず、この基準に反したとして関係者が起訴・拘束される事件が起きたのだ。

2020年3月、横浜市にある化学機械製造会社「大川原化工機」の顧問・社長・取締役を、警視庁公安部が逮捕。経産相の許可を得ずに、噴霧乾燥器を中国に輸出したという容疑だ。取り調べで3人は容疑を否認し、弁護側は「特別に滅菌、殺菌できる機能はない」と主張したが、東京地検に起訴された。同年5月には韓国に輸出した疑いで再逮捕されている。しかし7月の初公判の4日前、地検は誤りを認めて起訴を取り消した。

国際平和のためにも安全保障貿易管理は必要だが、曖昧な基準や煩雑な規制体系は、企業への負担を大きくする。日本の経済力を損なうおそれがあるのなら、制度の見直しを図るべきだろう。

自衛隊は海外活動中に他国軍が攻撃されても何もできない？

Japan Self-Defense Force's Ability 49

◎他国軍が攻撃を受けても支援できない海外派遣

自衛隊の海外派遣は、掃海部隊のペルシャ湾派遣（1991年）や「PKO等協力派遣法」「国際緊急援助隊改正法」の成立（1992年）によって、正式に認められた。これにより、自衛隊は国際貢献に寄与できるようになった。現在では部隊の海外活動は珍しくないが、活動が増えたことで従来想定していなかった新たな問題が浮上する。その一つが**海外における自衛隊員の武器使用に関するルール**だ。

軍隊における交戦規定は「ROE（Rules of Engagement）」と称される。自衛隊の場合は不明瞭な部分が多々あるものの、基本的には「攻撃があるまで手出しはしない」ことをＲＯＥの基本としている。

自衛隊の派遣は危険度の少ない非戦闘地域となってはいるが、ゲリラやテロリストがいつ襲ってきても不思議ではない。１９９４年には難民救援のために派遣されたザイール（現コンゴ民主共和国）で、援助に行ったはずの自衛隊が、逆にザイール軍の警備支援を受けることになってしまった。小銃などの軽装備しか武装は許可されず、機関銃も１挺しか携行を許されていなかったからだ。

南スーダンにおける国連 PKO 任務に従事する自衛隊員。同地での活動は 2011 年から行われている（出典：国連南スーダン共和国ミッション日本派遣施設隊 Facebook）

奇襲を受ければ、初撃で部隊が壊滅したとしてもおかしくはない。そこで、隊員たちの安全を確保するために、ＲＯＥの改訂が度々議論の的になった。そうして２００４年のイラク派遣で、ようやく現実的な基準が定められた。

新ＲＯＥに基づくと、不審者を発見した自衛隊員は、まず口頭で警告を行い、次に空や地面へ威嚇射撃を行う。それでも退散しない場合は、危害射撃を実行できる。民間人を誤って殺傷したとしても、地域協定によって罪に問われないことにもなった。

ただ、この交戦規定は自衛隊のみに適応される。つまり、**目の前で他国の軍が攻撃を受けたとしても、自衛隊が攻撃を受けたわけではないため、支援することが基本的に許されないのだ。**この問題に対処するために、当時の派遣部隊の隊長は、他国が攻撃された場合は偵察活動で駆けつけ正当防衛という形で支援するという主旨の発言を残している。いわゆる、「駆けつけ警護」で間に合わせるしか、方法はないというわけだ。

◎国際ルールよりも日本の法律を優先

2012年末、日本政府は自衛隊のゴラン高原撤退を正式に決定した。1996年より自衛隊が国連平和維持活動の一環として活動していた地域で、物資輸送やインフラ整備などの後方支援任務を約16年もの間、部隊を交代しながら実施していた。

なぜこの地域から自衛隊は撤退することになったのか？　治安が回復したからかと思いきや、なんとシリア内戦激化に伴う治安悪化が理由である。憲法や国内法に抵触するため安全保障会議で撤退が決まったものの、戦闘行動可能な部隊が治安悪化を理由に撤退するなど、世界の常識からすれば考えられない出来事である。

各国の軍では、自国の法より国際ルールや国際法を優先する傾向が強い。だが自衛隊は、外国であっても日本の法律に基づいて行動している。日本の防衛組織は海外経験が少なかったために、こうした国際社会とのずれが生じたのだろう。

◎見直しが迫られる海外での活動

世界は、自らの身を危険に晒さない国家を信用しない。湾岸戦争の折にも日本は約130億ドル（当時の価値で約1兆4000億円）もの大金を支援したにも関らず、「日本は金しか出さない」と非難を受けた。

もしも自衛隊が海外で友軍を見殺しにしたり、ゴランの事例のように治安を理由に逃げ出したりするようなことが続けば、日本が世界からの信頼を失うことにもつながりかねない。日本が国際社会との協調を強化するのなら、国内のルールだけでなく、世界のルールに見合った法体制が構築可能か、議論を深める必要があるだろう。

自衛隊も中露軍も少子化に悩まされている？

Japan Self-Defense Force's Ability
50

◎自衛隊の少子化対策

日本の**少子化**が取り沙汰されて久しい。1人の女性が生涯に産むと見込まれる子どもの数（合計特殊出生率）は、2021年の数字で1・30。またこのペースで人口が減れば、政府が予想する2049年よりも早い段階で、人口が1億人を割ることになる。

人口減少のあおりは、自衛隊にも及んでいる。自衛隊は以前から人材難が指摘されてきたが、近年はその傾向に拍車がかかっている。自衛官候補生の新規採用数は減少傾向にあり、近年は**計画に必要な定員を満たしていない**。そのため、防衛省は人材確保のために予算を増やしたり専門部署をもうけるなどして、対策をとっている。2018年には、自衛官の採用年齢が、26歳から32歳に引き上げられた。採用年齢の上限引き上げは、実に30年ぶりである。

また、人材確保の一環として、2020年からは**自衛隊新卒**という用語も、防衛省は使い始めている。毎年採用される自衛官の半数は、実は任期制自衛官である。期間は1年9カ月か、2年9カ月（延長可能）。こうした任期制自衛官が民間企業に就職しやすくなるよう、防衛省は自衛隊新卒という言葉を使い始めたわけだ。これは、自衛官が中途退職者だとみえないようにという配慮である。また防衛省としては就職支援をすることで、自衛隊を経てから就職するのが有利だと、アピールする狙いもある。

ただ、近年は専門性が求められる分野が増えているため、短期採用者だけでは必要な人材を確保できない。質の向上を図るべく、待遇改善などを通じて長期勤務者を増やす試みも防衛省は実施しているが、政府が大元の少子化対策に力を入れなければ、問題は依然として解決されない。

◎中国を悩ませる小皇帝問題

少子化は日本だけの問題ではない。ロシアでは対策として、子どもを多く産んだ女性に「母親英雄」の称号を与える他、育児報奨金を増額する方針を提示。さらにプーチン大統領は、ウクライナの孤児へのロシア国籍付与を簡素化する法案に署名するなど、なりふりかまわない政策を実施している。

中国でも、少子化は深刻だ。2020年の合計特殊出生率1・3。北京や上海などの大都会に限れば0・7前後と、世界最低レベルだ。2021年には出生者数が前年1200万人から約12%減の1062万人にまで落ち込んでいる。人口を武器に経済・軍事を発展させてきた中国軍にとって、出生率の低下が人海戦術に与える影響は大きい。しかも、中国軍は**小皇帝問題**という独自の課題を抱えている。

1979年、中国は人口増加の抑制策として計画生育政策、いわゆる「一人っ子政策」を導入した。その結果、両親から溺愛されて育った「小皇帝」と呼ばれる若者が増えた。小皇帝の特徴は、協調性がなくわがままで、忍耐力のないこと。高い規律と忍耐が求められる軍人とは、全く正反対の性格といえる。

2013年10月の軍報からは、中国海軍が小皇帝たちに手を焼いている様子が伺える。2週間の慣熟訓練「機動5号」に関する文には、「各艦に乗る政治工作班は小放送、小娯楽、小鼓舞等の小活動を実践し、将兵の敢闘精神を高揚しつつ肉体・精神的ストレスを緩和した」とある。早い話が艦内はDJ状態で、舞台を設置して音楽や踊りを楽しませるレクリエーションが実施されたということだ。これでは「娯楽を与えてわがままな兵士たちに対応をしています」と宣伝しているようなものである。

◎徴兵制の強化も役に立たない？

現在、中国軍に所属する20代から30代の兵士のうち7割が一人っ子で、そのうち小皇帝は10万人以上とされている。これまでは志願兵で兵力が充足していたが、少子化が進むと、徴兵制を強化することになりかねない。だが、制度としてはあったものの、中国はこれまで徴兵によって兵をまかなったことがない。集まった若者がわがままで役に立たないとなると、それこそ「烏合の衆」である。また、労働人口の減少に伴って経済力が低下することは十分にあり得る。

一人っ子政策は２０１５年に撤廃されたが、教育や就労、経済的な問題で、出生率が上がるとは考えられない。小皇帝が増えることはあっても、減ることはないだろう。

Japan Self-Defense Force's Ability

51

在日米軍基地はどのような問題を抱えているのか？

◎沖縄県に80％の米軍基地が置かれている理由

在日米軍基地（施設・区域）は、自衛隊との共用も含めると131か所ある。**米軍専用施設は76か所あるが、その約80％は沖縄県に集中している。**

沖縄は台湾や朝鮮半島、東南アジアなど火種を抱えた重要な地域に近い。アメリカ軍にとって、有事の際には即応体制が取りやすい位置にある。だからこそ、1972年まで、沖縄はアメリカの統治下に置かれていた。

日本の主権回復後も沖縄はアメリカ領だったため、戦時中に整備された基地を継続利用したのはもちろん、戦後にはブルドーザーで住民の家屋を押しつぶして、土地を強制的に接収した。いわゆる「銃剣とブルドーザー」である。

基地が集中する沖縄では、アメリカ軍による事故も相次いだ。1959年には石川市（現うるま市）にある小学校に戦闘機が墜落し児童を含む17人が死亡。2004年には大型ヘリコプターが沖縄国際大学の本館建物に接触し、墜落炎上している。アメリカ軍人や軍属による事件も多発しており、刑法犯罪は1972年から2020年で軍人・軍属とその家族の検挙件数は6068件。このうち凶悪事件は582件発生している。事件が起きるたびに沖縄県民は怒りの声を上げ、1995年に小学生の少女が米兵3人に暴行される事件が起きると、反米感情は一気に高まった。

沖縄県宜野湾市にある在日米軍の普天間飛行場。危険性を取り除くために移設が議論されているが、進展は遅い（© Sonata）

◎アメリカ軍による事故と事件

こうしたアメリカ軍による不祥事もさることながら、問題が起きたときのルールにも、批判の目は向けられている。現状の法制下では、**米兵が事件を起こしても、日本の法律で裁けない可能性がある**のだ。

根拠となるのは**日米地位協定**である。第17条の「刑事裁判権」によると、日本が被疑者に裁判権を行使すべき場合であっても、警察より先にアメリカが被疑者の身柄を拘束すれば、引き渡しは検察の起訴後となる。しかも、公務中の失態とみなされると、被疑者に裁判権を行使する権利はアメリカ側のものになる。さきの少女暴行事件が問題になったのも、実行犯の身柄が当初は引き渡されなかったからだ。後に日米両政府の合意によって協定の運用改善と犯人の起訴・実刑が確定するも、刑事裁判権そのものは、いまだに改訂されていない。

基地周辺の事故・事件、そして日本が被る制限は、沖縄に限った話ではない。東京都の横田基地や神奈川県の厚木基地では騒音問題が取り沙汰され、夜間・早朝の飛行差し止めと損害賠償を求める訴訟が行われている。また、日本の領空であるにもかかわらず、**関東上空の一部はアメリカ軍による利用が優先されている**。横田基地や厚木基地に離着陸する軍機などを管制する**横田空域**がアメリカ軍によって管理されているため、民間機は許可がなくては飛行できない。羽田空港の旅客機に支障が生じているし、東京都港区にあるアメリカ軍の「赤坂プレスセンター」のヘリコプターが、日本の航空法では許されないような低空飛行を六本木で繰り返し行っていることも報じられた。

◎日米合同で進められる基地の縮小

このような状況を、日本政府も黙って見過ごしているわけではない。**日本とアメリカは合同で、基地の返還と在日米軍の再編、訓練の移転などを進めている。**沖縄県普天間基地の負担を減らすべく、KC‐130飛行隊は山口県岩国飛行場へと本拠地を移すことが決定。さらに普天間の機能移転の一環として、自衛隊の基地である宮崎県新田原基地と福岡県築城《ついき》基地を、在日米軍が緊急時に使用できることになった。また、嘉手納基地以南ではキャンプ桑江や普天間飛行場、那覇港湾施設などの全面返還が検討されている。在沖米海兵隊も、要員約9000名を日本国外へ移転させる予定だ（そのうち約4000名はグアムへ移転させる予定）。

近年はアメリカの安全保障環境の悪化により、自衛隊の役割がより重視されている。普天間基地の辺野古基地移転問題、アメリカによる駐留経費の負担増要求など課題は山積しているが、交渉のチャンスがあるうちに、待遇が改善されることが望まれる。

◎参考文献・参考ウェブサイト

「最新版 航空自衛隊完全図鑑」菊池雅之著（コスミック出版）
「最新 陸・海・空自衛隊装備図鑑２０２１」菊池雅之著（コスミック出版）
「最新 陸・海・空自衛隊装備図鑑２０２２」菊池雅之著（コスミック出版）
「世界の艦艇完全カタログ」毒島刀也監修（コスミック出版）
「最新版 世界の軍用機図鑑」毒島刀也監修（コスミック出版）
「世界の戦車パーフェクトＢＯＯＫ完全版」鮎川置太郎他著（コスミック出版）
「【決定版】ソ連・ロシア戦車王国の系譜」古是三春著（パンダパブリッシング）
「自衛隊 陸海空最新装備大図鑑２０２１」稲葉義泰・野口卓也著（ダイアプレス）
「東シナ海 漁民たちの国境紛争」佐々木貴文著（ＫＡＤＯＫＡＷＡ）
「軍事学を学ぶ ２０１８年４月号：中国軍のＡ２／ＡＤをめぐる研究の最前線」武内和人著（国家政策研究会）
「地政学 地理と戦略」コリン・S・グレイ、ジェフリー・スローン編著／奥山真司訳（五月書房新社）
「世界のニュースがわかる！ 図解地政学入門」高橋洋一著（あさ出版）
「安全保障戦略」兼原信克著（日本経済出版）
「入門講義 安全保障論」宮岡勲著（慶応義塾大学出版会）
「日本の領土と国境 尖閣・竹島・北方四島問題を解決する」山田吉彦著（育鵬社）
「イチから分かる北方領土」北海道新聞社編著（北海道新聞社）
「「帝国」ロシアの地政学「勢力圏」で読むユーラシア戦略」小泉悠著（ＰＨＰ研究所）
「北朝鮮現代史」和田春樹著（岩波書店）
「新版 北朝鮮入門 金正恩体制の政治・経済・社会・国際関係」礒崎敦仁・澤田克己著（東洋経済新報社）
「オーストラリアはいかにして中国を黙らせたのか」西原哲也著（徳間書店）
「知っているようで、知らなかった 自衛隊の今がわかる本」菊池雅之編著（ウェッジ）
「よくわかる南シナ海 米中がもくろむ「次の一手」」小谷哲男他著（ウェッジ）
「中国人民解放軍の全貌」渡部悦和著（扶桑社）
「中華人民共和国「習近平軍事改革」の実像と限界」茅原郁生著（ＰＨＰ研究所）
「現代ロシアの軍事戦略」小泉悠著（筑摩書房）
「「尖閣問題」とは何か」豊下楢彦著（岩波書店）
「データで知る現代の軍事情勢」岩池正幸著（原書房）
「ロシアと中国反米の戦略」廣瀬陽子著（筑摩書房）
「台湾有事のシナリオ 日本の安全保障を検証する」森本敏・小原凡司編著（ミネルヴァ書房）
「自衛隊最高幹部が語る台湾事情」岩田清文・武居智久・尾上定正・兼原信克著（新潮社）
「令和３年版防衛白書」（防衛省）
防衛省ＨＰ（https://www.mod.go.jp/）
外務省ＨＰ（https://www.mofa.go.jp/mofaj/）

経済産業省ＨＰ（https://www.meti.go.jp/）
内閣府ＨＰ（https://www.cao.go.jp/）
陸上自衛隊ＨＰ（https://www.mod.go.jp/gsdf/）
航空自衛隊ＨＰ（https://www.mod.go.jp/asdf/）
海上自衛隊ＨＰ（https://www.mod.go.jp/msdf/）
水陸機動団ＨＰ（https://www.mod.go.jp/gsdf/gcc/ardb/）
日本弁護士連合会ＨＰ（https://www.nichibenren.or.jp/）
nippon.com（https://www.nippon.com/ja/）
JBpress（https://jbpress.ismedia.jp/）
時事ドットコム（https://www.jiji.com/）
ＴＢＳ ＮＥＷＳ ＤＩＧ（https://newsdig.tbs.co.jp/）
東京新聞電子版（https://digital.tokyo-np.jp/）
日経ビジネス電子版（https://business.nikkei.com/）
しんぶん赤旗電子版（https://www.akahata-digital.press/）
沖縄タイムスプラス（https://www.okinawatimes.co.jp/）
中国新聞デジタル（https://www.chugoku-np.co.jp/）
ＮＨＫ公式サイト（https://www.nhk.or.jp/）
Imidas サイト（https://imidas.jp/）
DIAMONDonline（https://diamond.jp/）
新潮社 Foresight（https://www.fsight.jp/）
NEWS ポストセブン（https://www.news-postseven.com/）
ＦＮＮプライムオンライン（https://www.fnn.jp/）
ＲＫＢオンライン（https://rkb.jp/）
ＣＮＮ（https://www.cnn.co.jp/）
Newsweek 日本版 online（https://www.newsweekjapan.jp/）
コリア・エコノミクス（https://korea-economics.jp/）
毎日新聞／朝日新聞／産経新聞／日本経済新聞／中日新聞

◎画像出典

https://t.me/GeneralStaffZSU/956（ｐ48）
https://twitter.com/jgsdf_gcc_ardb/status/1482845255410290689（ｐ51）
https://twitter.com/ModJapan_jp/status/1504792184834658318（ｐ55）
https://twitter.com/jmsdf_pao/status/143838580915394 9697?lang=eu（ｐ63）
https://twitter.com/jasdf_hyakuri/status/1460843787333238785（ｐ65）
https://sec.mod.go.jp/gsdf/gcc/cnbc/3-1butaikatudou.htm（p67）
https://www.mod.go.jp/nda/（ｐ70）
https://au.usembassy.gov/news-events/?search_query=AUKUS&date_m=（ｐ117）
http://www.kantei.go.jp/quad-leaders-meeting-tokyo2022/index_j.html（ｐ121）
http://www.81.cn/jwywpd/2020-02/18/content_9747308.htm（ｐ145）
https://twitter.com/ModJapan_jp/status/1539543571787022336?cxt=HHwWgIDQiZiux90qAAAA（ｐ168）

【出典】
・本文
本扉：陸上自衛隊 HP
第一章扉：海上自衛隊 HP
第二章扉：航空自衛隊 HP

・カバー
上）陸上自衛隊 HP
中央戦闘機／F-15）航空自衛隊 HP
中央艦船／護衛艦もがみ）海上自衛隊 HP
中央右／プーチン大統領・習近平国家主席）ロシア大統領府 HP
下右）Free Wind 2014/shutterstock.com
背／F-15）航空自衛隊 HP
表四）海上自衛隊 HP

中国軍・ロシア軍との比較で見えてくる
自衛隊の実力

2022年 8月8日　第1刷

編　者　自衛隊の謎検証委員会

製　作　オフィステイクオー・高貝誠

発行人　山田有司

発行所　株式会社彩図社
〒170-0005
東京都豊島区南大塚3-24-4 MTビル
TEL 03-5985-8213　FAX 03-5985-8224
URL：https://www.saiz.co.jp/
Twitter：https://twitter.com/saiz_sha

印刷所　新灯印刷株式会社

ISBN978-4-8013-0613-4 C0131